U0165823

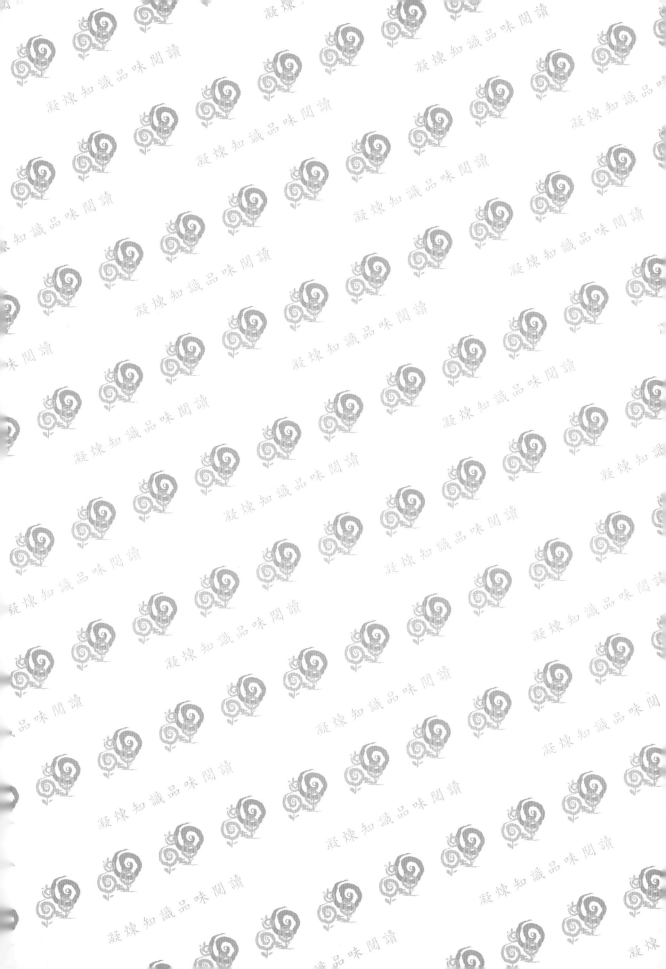

一點就通的
褲裙版型筆記

夏士敏 著

自序　精進，沒有止境！

　　常有滿腔熱血的學生認為只要有獨特的創意，能畫出美麗的服裝畫就可以成為設計師，但要將設計圖做成實際的服裝時，就會面臨結構線不合理或不知如何畫版的窘境。衣服版型是將設計作品從平面素材轉化成立體服裝的重要環節，不了解服裝結構就無法做出合乎人體曲線的完美成品。一個成功的設計師，背後必有一個經驗豐富的打版師。

　　版型需要實作成衣服才能穿著體驗，感受什麼樣的線條會呈現什麼樣的效果，進一步分辨這個版型的好與壞，線條的畫法與穿著上的差別在哪？日積月累，才成為畫版的「經驗」。市面上的版型書提供了多樣化款式的服裝版型範例供閱讀者臨摹，版型範例皆蘊含了作者豐富的「經驗」。很多版型教學課程，老師會告訴你這兒要幾公分，那兒要幾吋，為什麼取這樣的尺寸？因為「經驗」。很多同學覺得老師手中的那把尺特別好用，可以畫出各種美麗的線條，其實老師的尺並不特別，特別的是老師有「經驗」。他人的寶貴「經驗」既然是長期不斷實作、體驗、改良而得，就無法是三言兩語可以說清楚、講明白的，囫圇吞棗的接收各方的「經驗」，只會讓初學者更懵懵懂懂的無法通盤思考。累積經驗必須實做上無數次，但了解服裝結構就能一通百通。

　　本書以最簡單的方式，帶領讀者認識服裝結構，清楚說明每一道線條，為什麼要這樣畫，陳述每一個尺寸、公式代表的意思，希望讀者透過圖、文的說明，配合自身量取的尺寸，找出最佳的數值；同時，減少不必要的數字標註，避免造成製圖的混亂與思考的僵化。課堂上，學生常有各式各樣的問題，這些問題看似光怪陸離，但也帶給我很多不同面向的思考，每破解一道問

題，就讓我對服裝結構有更進一步的認識，同學們畫版時遭遇的問題點，也都儘量在此書中提出解答。這本書是我的版型教學筆記，專門給初學者看的入門書，未能詳盡之處，敬祈各方不吝指正。

夏士敏

2017 年 12 月 26 日

於實踐大學高雄校區

CONTENTS

CHAPTER 3 褲子版型結構 117

圖目錄

1

服裝版型基本概念

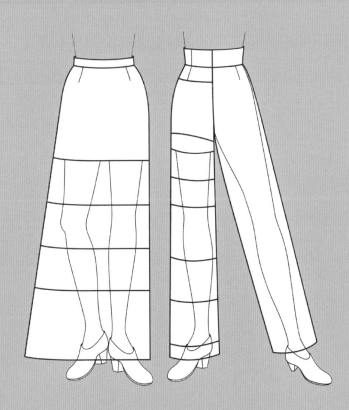

一、何謂打版

衣服製作是由依據人體體型與服裝線條要求而裁剪的布片車合完成，要裁剪這些稱為「裁片」的布片需先繪製可供裁布的紙型，紙型的繪製過程就稱為「打版」。如何將平面的布料轉換成立體的服裝（圖1-1），裁片的幾何排列方式、面的轉折處、線與點的切割處（圖1-2），都是影響服裝結構的要點，必須了解人體的結構與衣服尺寸的關聯性，才能畫出漂亮的衣服版型（圖1-3）。

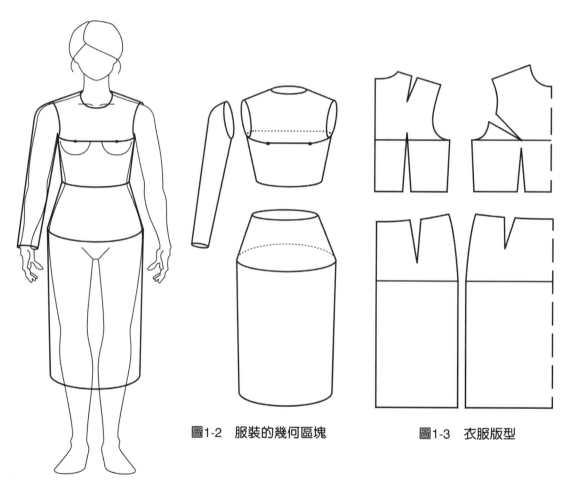

圖1-2　服裝的幾何區塊

圖1-3　衣服版型

圖1-1　服裝的立體化

在工廠大量生產的分工中，設計師決定服裝的款式、顏色、布料……等；打版師根據人體尺寸數據將服裝設計圖轉換為可供裁剪的版型；樣品師使用版型裁剪裁片，再縫製組合的成品應符合服裝設計與尺寸的要求。現代服裝版型的構成過程主要方式有「立體裁剪法」與「平面製圖法」，服裝打版的作業與教學多以平面製圖法為主。立體裁剪法與平面製圖法的要點如下：

立體裁剪法（圖1-4）是將布料直接披掛在人體或人檯上，依照設計圖操作裁剪出衣服樣式，再將裁剪的布料取下整理裁片，車縫完成單件成品的製作或將布料裁片展平拷貝為大量生產用的厚紙版型。立體裁剪

圖1-4　在人體上操作的立體裁剪法
圖片引用：Lawrence Alma-Tadema 《*The Frigidarium*》（1890）

法著重於服裝的塑形，因為是在人檯上操作裁剪不需被尺寸或公式制約，可以直接取得衣服的長寬、剪接線、結構線……等尺寸比例，對於垂褶或變化創作有更靈活運用的空間，還可觀察布料的垂墜性與服裝穿著的狀態，直接修正或更改設計線。在立體裁剪法的操作過程中，無法非常精準的預估用布量，為避免成本浪費，學習者多使用胚布，並以人檯操作，這也容易造成操作樣品與實際成品之間的差異，為其缺點。因此立體裁剪法適用於多變化的禮服，或少量生產的造型款式服裝。

平面製圖法是依據身體各部位的測量尺寸，導入數學計算公式，將立體化的人體型態轉化為展開的平面圖版。平面製圖法是藉由人體工學的角度與經驗去分析版型結構面，經過反覆修正套用的公式，可有效的控制尺寸規格與成本控管。對於初學者而言，平面製圖法是依循前人的經驗理論，容易掌握完美的架構，相對的也形成一個框架，需累積足夠的經驗才能修正錯誤或變化運用。因此平面製圖法適用於制式的架構，或量產的標準化服裝。

服裝打版依據個人的經驗與學理論點不同而有多種的方法，不論採用何種圖版製作的方法都必須掌握服裝版型與人體曲面之間的完美轉換。

二、打版製圖工具

　　市面上販售的縫紉工具相當多樣化，選擇正確的工具可以提升打版工作的效率，例如尺規若以一般文具尺繪製服裝版型，就不容易取得符合人體體型的衣服線條。工具的選擇沒有所謂最好用的，只有選擇自己最習慣用的，以下僅就必需要用的工具做說明：

1. 製圖用紙：製作實物用的紙型可使用全開牛皮紙或白報紙。牛皮紙的韌性佳、重複使用不容易破，適合繪製需用來多次裁剪的紙型。牛皮紙以粗糙面為繪圖的正面，繪圖的鉛筆線才不易糊掉。白報紙的成本較低、繪圖不傷眼力但不經用，適合使用於描圖或單件衣服裁剪的紙型。

2. 製圖用筆：使用H或HB的自動鉛筆，才可隨時擦拭線條修圖。鉛筆線條不可過粗，粗線條會使線內與線外產生製圖尺寸上的誤差。

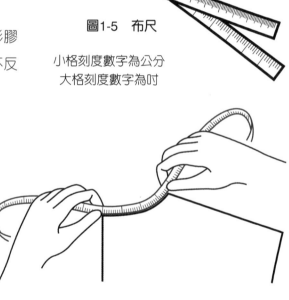

圖1-5　布尺

小格刻度數字為公分
大格刻度數字為吋

3. 隱形膠帶：黏貼合併紙張時使用。隱形膠帶的特性為手撕即可切斷，表面霧質不反光，也可以書寫，黏貼後仍可撕起以調整位置而不破壞紙張，黏性持久不變黃，製圖使用極為便利。

4. 布尺：量身或測量曲線的帶狀軟尺（圖1-5），選擇以寬度窄、長度長，正反面有公分與吋兩種刻度的為佳（1吋＝2.54公分）。布尺經長久使用後容易拉長變形，須留意對照畫圖用尺刻度的精確度。

圖1-6　正確量曲線的方法

　　量取版型曲線尺寸時，應將尺立起，沿曲線量連續線條的尺寸（圖1-6），不能用尺貼平紙面將線條分段量取加總。

5. 方格尺、直尺、角尺：依繪畫直線選擇使用（圖1-7），有公分與吋兩種刻度系列。方格尺為透明材質，因有正方形格子刻度，畫取水平線或垂直線較為精準，且質地較軟，製圖時也可取代布尺量取曲線尺寸。直尺與角尺為白色硬質塑膠，專為畫取直線與直角時使用。

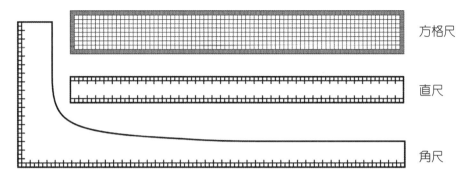

圖1-7　畫直線用尺

方格尺

直尺

角尺

6. 大彎尺、D彎尺（火腿尺）、雲尺：依所繪畫的曲線部位選擇使用（圖1-8）。大彎尺使用於繪製裙褲腰圍線、脇線；D彎尺使用於繪製上衣領圍線、襯衫袖襱線；雲尺可繪製多種曲線。打版繪圖曲線時，線條須依照身體部位弧線調整，不論使用何種曲線尺，都只能取吻合的曲線段再分段銜接，不會一筆畫到底。

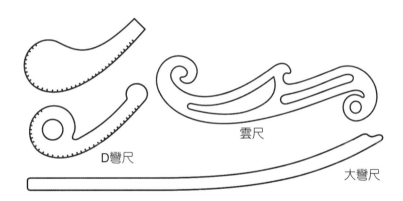

雲尺

D彎尺

大彎尺

圖1-8　畫曲線用尺

7. 縮尺：用於製作筆記將實際尺寸縮小比例繪圖（圖1-9），為涵蓋角尺與大彎尺輪廓曲線的三角形尺，內部有類似D彎尺的多種曲線。同方格尺為透明材質，有縮小為1/2、1/4與1/5比例的規格。

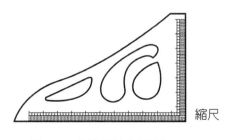

縮尺

圖1-9　畫縮圖比例用尺

三、量身要點

　　掌握正確的人體尺寸，為製作合身服裝的先決條件，也是學習服裝版型入門的第一課題。量取人體尺寸與版型繪圖所需的尺寸必須相對應，因此打版學理論點不同，量身的方法也會有些微的差異，使用各種版型繪圖參考資料前，應先了解其量身的要點。

1. 量身作業應在鏡子正前方進行，量身者站在被量身者的斜前方，讓被量身者透過鏡子知道被測量的部位與動作，降低緊張與不自在感。

2. 被量身者須穿著貼身的服裝，寬鬆的衣服不易掌握體型正確尺寸。

3. 塑型的內衣與站姿體態會影響衣服的合身度，被量身者應穿著日常習慣的內衣與鞋子，以習慣的自然姿勢站立。若為量身訂做特殊服裝，例如禮服，則應穿著要配合該款服裝的內衣與鞋子。

4. 量身者進行量身時需一面量取尺寸，一面注意體型的特徵。體型特殊者可於製圖時調整，或利用試穿修正。

5. 左右體型無差異時，以前衣襟「男左女右」扣合的習慣方向：男生左前襟蓋右前襟，左身片在上，量身以左半身為主；女生右前襟蓋左前襟，右身片在上，量身以右半身為主。左右體型有差異時，左右半身尺寸都須測量。

6. 正確的測量尺寸與鬆份掌握，可避免衣服製成後因尺寸問題修改。

7. 除非是特殊的體型，量身所得到的尺寸與參考的標準尺寸相比較，比例上不應有過大的差異。

8. 紀錄尺寸的表單與衣服的版型上應記載量身日期，日後方能掌握體型變化的時程。

9. 應配合打版方法取尺寸，例如學校教學通常使用公分制打版，應量取公分，所有製圖用尺也應使用公分；業界通常使用英吋制打版，應量取吋，所有製圖用尺也應使用吋。

10. 公分制打版以偶數計算比較容易得到整除的繪圖數值，測量胸圍、腰圍、臀圍三圍尺寸若是奇數，可加大1 cm成為偶數。

四、裙褲打版所需尺寸的量身方法

　　量身尺寸為製圖時的基本依據，要將人體尺寸不含鬆份真實的呈現，以測量人體實際尺寸為主。只有測量圍度尺寸時，布尺緊貼身體、以拇指與食指捏住布尺兩端，等於圍度尺寸含一隻手指的鬆份。服裝版型的線條與寬鬆份會依流行的趨勢改變，打版製圖時可在圖面上依照設計的款式再加入鬆份量，這樣就不會因為款式的改變而需要重新量身。

　　量身的位置也應以人體實際的對應位置為準，例如量身時腰圍的設定為人體軀體最細的圍度，雖然服裝版型的腰圍會依流行的樣式設定為高腰或低腰，但打版製圖時還是以量身的腰圍尺寸為重要的水平線依據。繪出完整的版型後，再依照服裝的樣式設定畫取高腰線或低腰線。

　　製圖時會以量身部位的英文名稱縮寫標示所繪製基礎架構線代表的位置：腰圍線WL（Waist Line）、臀圍線HL（Hip Line）、腹圍線MHL（Middle Hip Line）、膝線KL（Knee Line）。

1. 腰圍W（Waist）（圖1-10）：由身體正面看軀體最小圍度處，布尺水平量取身體一圈的圍度尺寸；可用一條細鬆緊帶束在腰上，或以手肘高、手插腰姿勢找到對應位置。

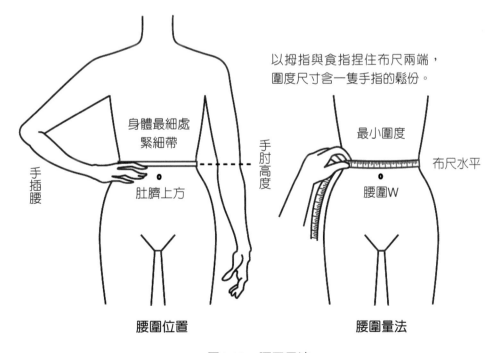

圖1-10　腰圍量法

2. 臀圍H（Hip）（圖1-11）：由側身脇邊看臀部翹度的最高處，為布尺水平量取身體一圈的圍度尺寸；是下半身的最大圍度，亦是裙與褲裝繪圖時寬度的基準尺寸。

3. 腹圍MH（Middle Hip）：腰圍與臀圍距離中間的水平圍度尺寸，若腹部體型凸出大於臀部時，測量臀圍尺寸需加入腹部凸出的份量。

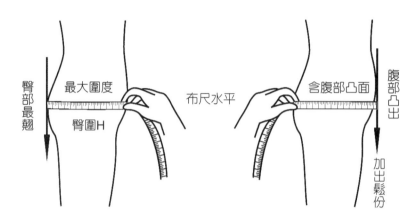

圖1-11　臀圍量法

4. 腰長（圖1-12）：由側身脇邊線，從腰圍WL量至臀圍HL，為下裝繪圖時取腰圍與臀圍位置的基準尺寸。腰長尺寸影響服裝下身臀部翹度的尺寸比例，一般女性腰長尺寸約為17～20 cm。實際量身時若尺寸長於標準數據，表示臀部的翹度位置低，也就是臀部下垂，打版時可依照標準尺寸，利用提高服裝臀線的視覺效果來遮掩體型的問題，達到衣服修飾身材的效果。

5. 裙長（圖1-13）：由側身脇邊線，從腰圍WL開始測量，長度不包含腰帶的寬度，以膝線KL（Knee Line）為測量裙子長短的參考依據。一般以蓋過膝蓋55～60 cm長的及膝裙為基本裙長，往上縮短即為30～50 cm長的短裙、往下加長即為70～100 cm長的長裙（參閱裙長變化、圖2-7）。

6. 褲長（圖1-13）：由側身脇邊線，從腰圍WL開始測量，長度不包含腰帶的寬度，以足部外側腳踝骨凸點與膝線KL（Knee Line）高度為測量褲子長短的參考依據。全長褲長以蓋過腳踝骨的92～98 cm長度為基本褲長；一般依照設計款式變化取褲長，寬襬褲型穿著時褲長會蓋到鞋面，褲長會比基本褲長稍長一點（參閱褲長變化、圖3-31）。

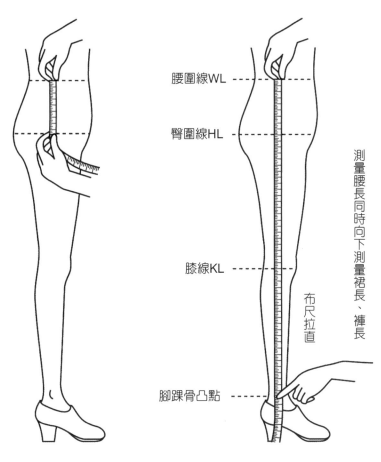

圖1-12　腰長量法　　　　　圖1-13　裙長、褲長量法

（圖1-13 中縱向文字）測量腰長同時向下測量裙長、褲長

（圖1-13 標示）腰圍線WL　臀圍線HL　膝線KL　腳踝骨凸點　布尺拉直

7. 股上長：坐在椅面為硬質平面的椅子上
（不可坐在椅面會陷下的沙發椅），由側
身脇邊線從腰圍WL量至椅面（圖1-14），
為褲裝繪圖取褲襠底位置的基準尺寸（圖
1-15）。一般腰長尺寸與股上尺寸比例約
為2：3，也就是腰長尺寸取18 cm時，股
上尺寸為27 cm，股上長一定長於腰長。

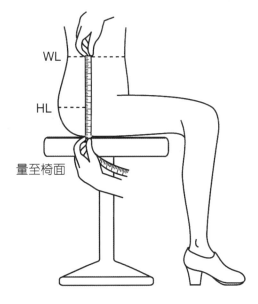

WL
HL
量至椅面

圖1-14　坐姿股上長量法

8. 股下長（圖1-16）：胯下長度。在兩腿間夾一把直尺抵住身體確認褲底位置，往下量
   至腳踝骨為股下長；往上量至腰圍為股上長；股上長加股下長為長褲的總長。

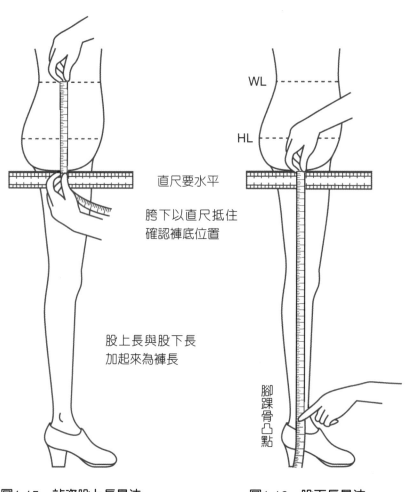

直尺要水平

胯下以直尺抵住
確認褲底位置

股上長與股下長
加起來為褲長

WL

HL

腳踝骨凸點

圖1-15　站姿股上長量法　　　　圖1-16　股下長量法

9. 參考尺寸表（圖1-17、圖1-18）

量身部位	腰圍	臀圍	腰長	股上長	裙長	褲長
標準尺寸	68	92	18	27	55	95
自己尺寸						

※裙子打版必要尺寸：腰圍、臀圍、腰長、裙長。
※褲子打版必要尺寸：腰圍、臀圍、腰長、股上長、褲長。

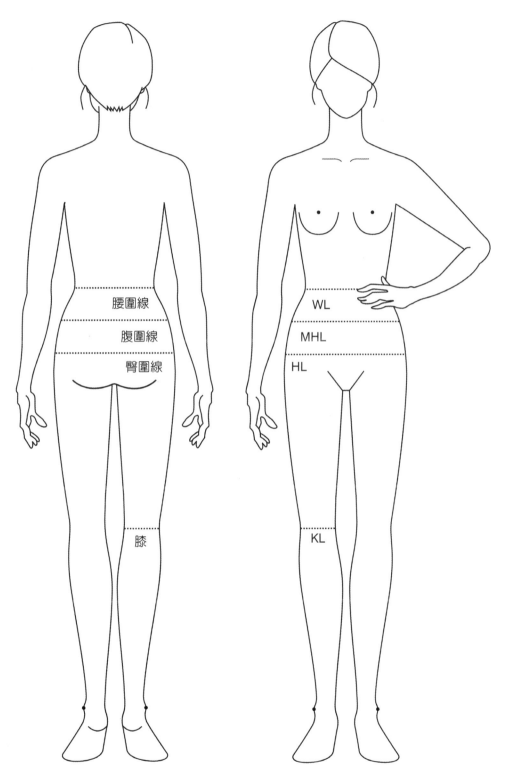

腰圍線　　　WL

腹圍線　　　MHL

臀圍線　　　HL

膝　　　　　KL

圖1-17　量身圍度位置

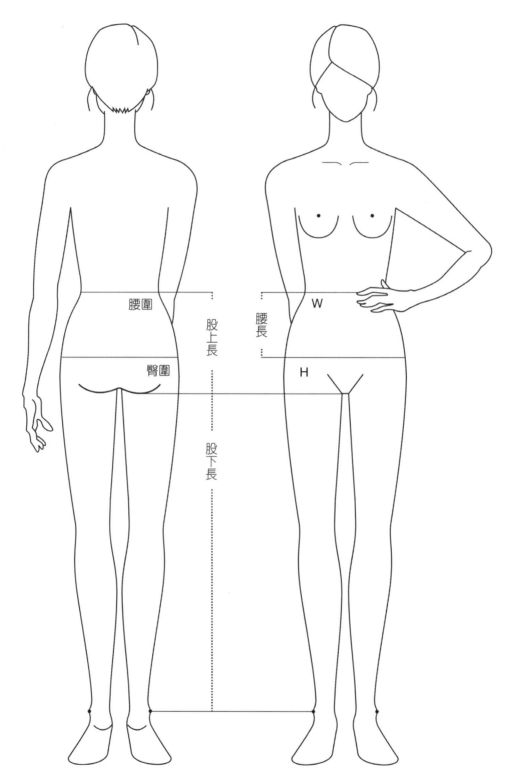

圖1-18　量身長度位置

五、打版的基本專業用詞

1. 打版：以平面製圖法繪製，可供裁布用紙型的製圖過程。

2. 胸腰差：上半身服裝的寬度尺寸是以胸圍尺寸為主，但腰圍尺寸較小，腰圍處布料與身體會產生空隙，這個空隙就是胸圍與腰圍的差數。

3. 腰臀差：下半身服裝的寬度尺寸是以臀圍尺寸為主，但腰圍尺寸較小，腰圍處布料與身體會產生空隙，這個空隙就是腰圍與臀圍的差數。

　　假設衣服是以一個箱型來包裹人體，箱型與人體曲面之間會產生空隙，這是因為人體三圍尺寸產生的差數（圖1-19），即胸腰差與腰臀差。

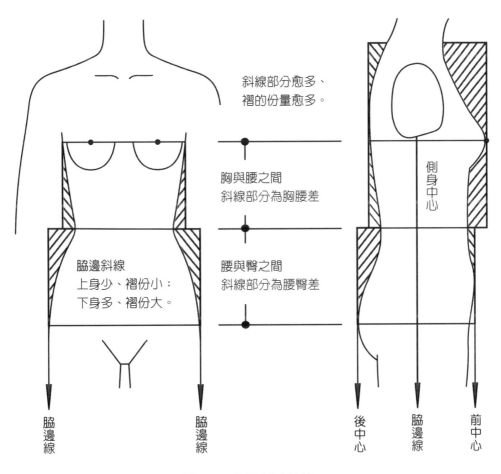

圖1-19　三圍尺寸差數

要使箱型的衣服與人體型態相似，就是製作合身款式的服裝，必須將紅色斜線的空隙消除，也就是製作褶子。通常沒有彈性的布料，因應人體動作的需求，衣服也不會製作成為完全貼合人體的樣式。所以服裝版型為做出身體曲線且合身，必須要製作出褶子；為了活動動作機能性需求，必須要加入鬆份，並以前後差調整脇邊線的位置。

4. 褶：身體曲面圍度差數，胸腰差與腰臀差為褶子的份量，差數的大小與位置會影響褶子份量的多寡與長短。褶子是服裝版型立體化必要的，合身服裝版型運用最廣的為尖褶，褶尖指向的位置就是身體的凸面。

　　褶尖的指向與褶子的份量、長短都須視體型部位而定，尖褶縫合後要能呈現自然包覆身體的曲面，例如：腰褶褶子長、凸出的立體面緩；胸褶褶子短、凸出的立體面陡（圖1-20）。

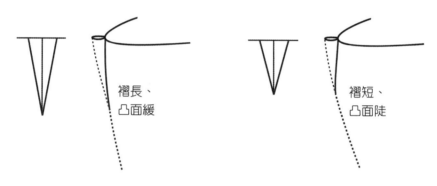

褶長、
凸面緩

褶短、
凸面陡

圖1-20　褶長與凸面呈現的關係

5. 鬆份：下裝以臀圍為最大圍度，圍度尺寸須能因應人體活動跨步、坐或蹲的需求，使穿著於動作時不至於緊繃。合身裙子、褲子的臀圍處基本需求的鬆份視布料厚度而定，薄布料加少、厚布料加多，至少需要2-4cm的鬆份；有彈性的布料可以不加鬆份。

6. 前後差：人體的橫剖面呈現為前寬後窄，年紀愈大、愈為圓身，前後身寬度的差異愈明顯。打版製圖時取前後差尺寸，使裁片成為前片大、後片小，穿著時脇邊接縫線可置於側身的中間。前後差尺寸是為調整裁片脇邊接縫線的視覺位置，因此前片加大的尺寸必須由後片減去，不能影響設定的圍度尺寸，例如前後差設定為2cm，則前片加1cm、後片減1cm。服裝版型可視樣式與穿著者體型決定前後差份量，寬鬆式的服裝

可省略前後差尺寸，合身式的服裝也有不做前後差尺寸調整，讓脇邊接縫線的視覺位置偏前。

7. 縫份：版型所畫的完成線與輪廓線是依照尺寸計算得來，在裁剪布料時，需另外加出車縫所需的份量。縫份尺寸依部位而有不同：腰圍線或口袋弧度處因為曲線尺寸的變化差異不能留多，可以有足夠車合的份量即可；脇邊接縫線或下襬線較直緩且為寬窄、長短的縮放處，可以斟酌多留。

8. 實版：依完成線所畫的裁布版型，版型上沒有縫份，裁布時才將縫份另外留出畫於布上，這種做法可以確實描繪出完成線。

9. 虛版：在完成線外加上縫份的裁布版型，版型上已有縫份。為節省工時，裁片上不會逐片繪製車縫完成線，因此直接將縫份畫在裁布版型上的進行裁剪布料。

10. 原型：為最簡單的基本款式版型，打版製圖時以此為基礎再加以長短、寬窄、細節的變化。因為要使用於設計剪接的變化與尺寸的放大縮小，須使用實版。

11. 拆版：為保留畫好的版型，另外依照完成輪廓線將裁片一一分別描繪出來，成為可以用來裁布的版型。拆版可以將製圖時裁片有重疊的部分分開，也可以將實版描繪成虛版。初學者在製作過程中若對尺寸有疑問，有留下製圖的版型才有核對的依據。

12. 裁片：依據裁布的紙型所裁剪的布片，裁片必須含有縫份。

六、製圖符號

製圖時會以簡單的符號標示繪製線條代表的意義或裁剪縫製時應使用的方法，這些符號對於識圖與理解非常重要。以褶子為例：褶子的處理方式除了前面所述的車縫尖褶方式，還有抽縐細褶、或折疊活褶（圖1-21）。打版時標示的符號（圖1-22）如下：

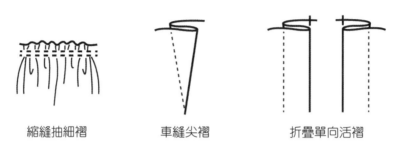

縮縫抽細褶　　　　　車縫尖褶　　　　　折疊單向活褶

圖1-21　腰褶份處理法

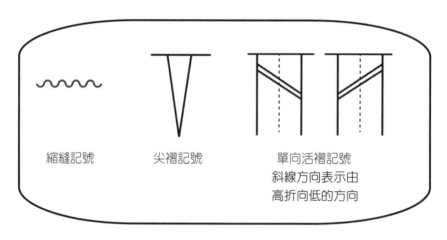

縮縫記號　　　　　尖褶記號　　　　　單向活褶記號
斜線方向表示由
高折向低的方向

圖1-22　褶的製圖符號

服裝版型應明確標示完整的製圖符號，這裡先彙整作簡略的介紹（參閱p27-p29圖示），後面章節再出現時也會做說明。

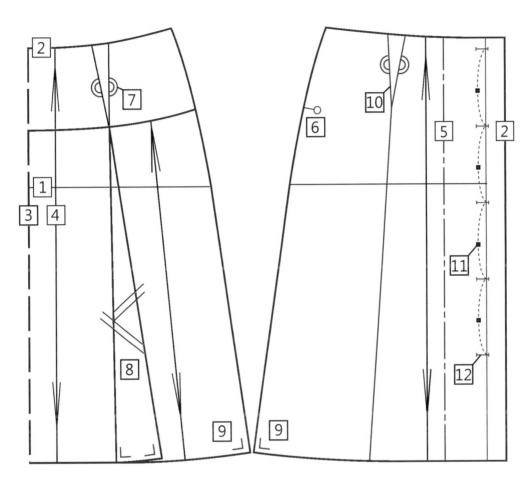

1	———————	製圖基準線　製圖的基本線條，以細線表示。
2	———————	完成輪廓線　版型的完成線條，以粗線或色線表示。
3	— — — —	裁剪折雙線　裁剪時，紙型對著布料雙層折邊的線。
4	←—————→	布紋記號　紙型依箭頭方向與經紗平行裁布。
5	—‧—‧—‧—	貼邊線　標示衣服內側貼邊的位置。
6	——○	對合點、縫止點　標示車縫要對合的位置或活褶、開衩的止點。

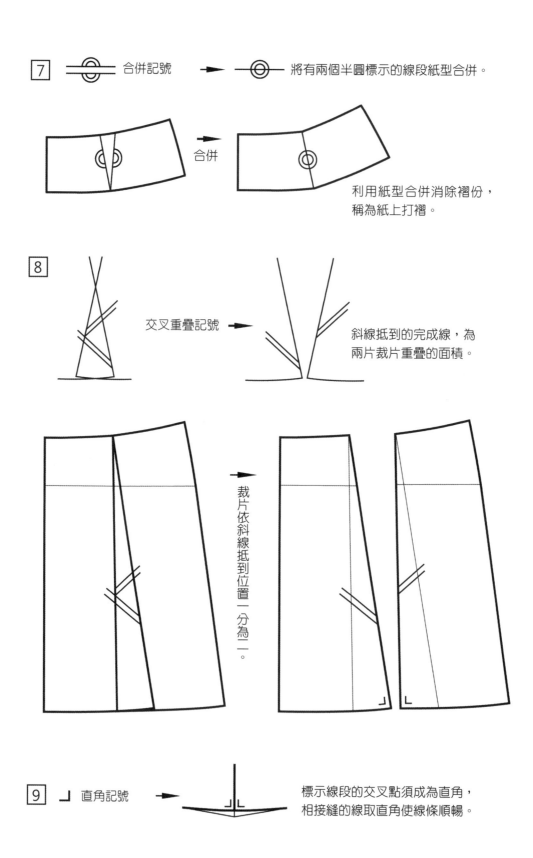

7　　○ 合併記號 → ○ 將有兩個半圓標示的線段紙型合併。

合併

利用紙型合併消除褶份，
稱為紙上打褶。

8　交叉重疊記號 → 斜線抵到的完成線，為
兩片裁片重疊的面積。

裁片依斜線抵到位置一分為二。

9　」 直角記號 → 標示線段的交叉點須成為直角，
相接縫的線取直角使線條順暢。

10 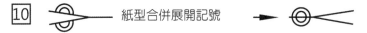 紙型合併展開記號

將有兩個半圓標示的尖褶紙型合併，
褶尖端指向的實線段剪開成為展開。

褶份轉向稱為褶子轉移

褶子合併

褶份轉向下方展開

11 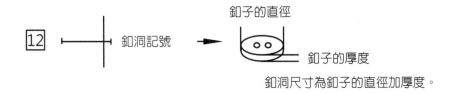 等分記號　將線段均分等分，以相同的幾何圖形（○、●、
□、■、☆、★）表示相同的尺寸。

釦子的直徑

12 釦洞記號

釦子的厚度

釦洞尺寸為釦子的直徑加厚度。

2

裙子是從腰圍垂掛而下的下半身服裝，以一塊長方形的布，圍裹下半身，就是簡單的裙子。在服裝結構（圖2-1）上，寬度應以身體最大圍度為準；下半身最大圍度為臀圍，下半身合身服裝尺寸的最寬處以臀圍尺寸為基準。

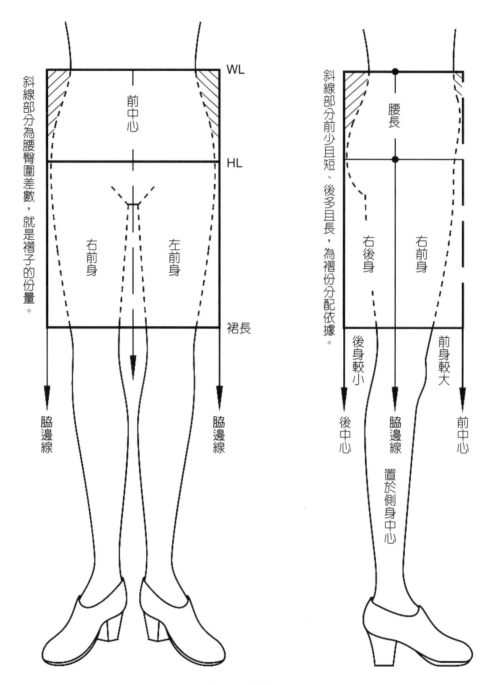

圖2-1　裙子結構的部位名稱

斜線部分為腰臀圍差數，就是褶子的份量。

WL

前中心

HL

右前身　　左前身

裙長

脇邊線　　脇邊線

斜線部分前少且短、後多且長，為褶份分配依據。

腰長

右後身　　右前身

後身較小　　前身較大

後中心　　脇邊線　置於側身中心　　前中心

一、鬆緊帶直筒裙

　　裙子由一片長方形裁片構成，長度取裙長，寬度為臀圍尺寸加上鬆份，只有在後中心處一條接縫線，直接套穿即可。裙長內含腰長尺寸，腰長尺寸是為取出腰圍與臀圍位置的依據。臀圍尺寸應加上活動機能所需的鬆份量後，分為前、後、左、右而除以4（圖2-2）。以腰圍尺寸裁剪鬆緊帶的長度，利用鬆緊帶縮緊為合腰尺寸，腰部會呈現出寬鬆的縐褶。臀圍處的鬆份越多，腰部的縐褶就越多，裙型在腰部就會越膨出，不適宜體型豐滿者。

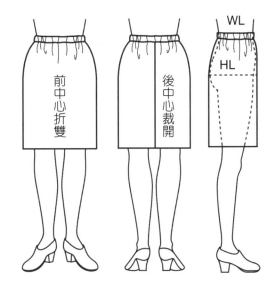

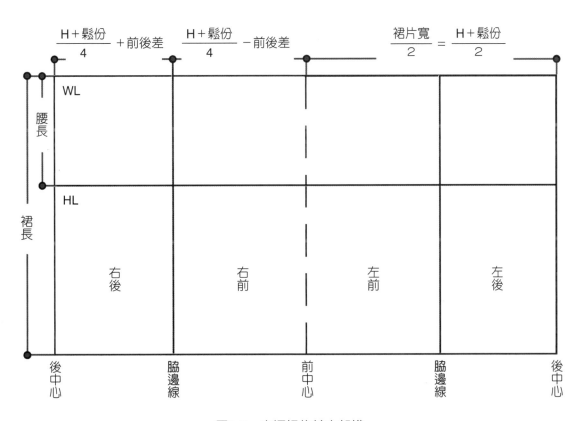

圖2-2　窄襬裙的基本架構

如果服裝款式是左右對稱時，因為左右相同，可以只畫半件的圖版（圖2-3），裁剪時再將布料折雙即可。因為習慣上前衣襟「男左女右」的扣合方向，打版時男裝畫左半身，女裝畫右半身。

　　折雙：當裁片樣式為左右身對稱時，可將布料對折，將紙型緊靠折邊，兩層布一起裁剪，用虛線表示布料裁剪要對折的線。

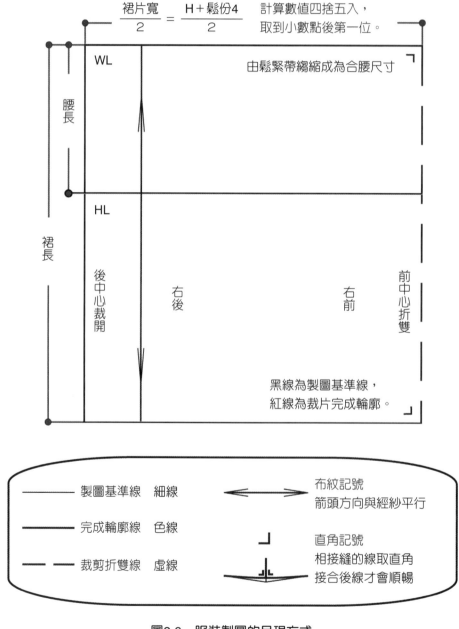

$$\frac{\text{裙片寬}}{2} = \frac{H + 鬆份4}{2}$$

計算數值四捨五入，取到小數點後第一位。

由鬆緊帶縐縮成為合腰尺寸

WL

腰長

HL

裙長

後中心裁開

右後

右前

前中心折雙

黑線為製圖基準線，紅線為裁片完成輪廓。

	製圖基準線	細線		布紋記號 箭頭方向與經紗平行
	完成輪廓線	色線		直角記號 相接縫的線取直角 接合後線才會順暢
	裁剪折雙線	虛線		

圖2-3　服裝製圖的呈現方式

二、鬆緊帶寬襬裙

以直筒裙的基本製圖為原型，增加裙襬的寬度，成為梯形輪廓款式。腰圍線依照體型曲線調整為弧線，臀圍的鬆份隨著襬寬增加（圖2-4）。

梯形輪廓款式的裙型呈現上窄下寬的視覺效果，穿著修飾體型的效果優於長方形直筒款式。

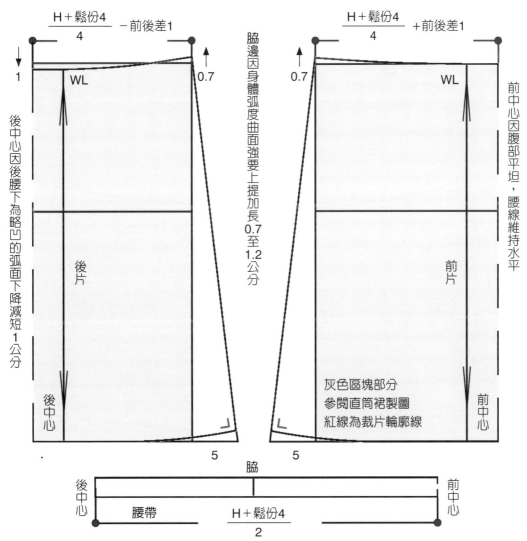

$$\frac{H+鬆份4}{4} \quad -前後差1$$

$$\frac{H+鬆份4}{4} \quad +前後差1$$

1

WL

0.7

0.7

WL

脇邊因身體弧度曲面強要上提加長0.7至1.2公分

後中心因後腰下為略凹的弧面下降減短1公分

前中心因腹部平坦，腰線維持水平

後片

前片

後中心

前中心

灰色區塊部分
參閱直筒裙製圖
紅線為裁片輪廓線

5

5

脇

後中心

前中心

腰帶

$$\frac{H+鬆份4}{2}$$

圖2-4　寬襬裙製圖

直接套穿的款式，穿著時裙子的腰圍必須拉過身體臀圍，因此製圖直接用臀圍尺寸帶入計算公式。前、後中心線皆採折雙線，裁片會成為兩大片（圖2-5）；因為加了前後差，裁片呈現前大後小。紙型上相接縫合的線必須等長，例如前後片的脇邊線是要相縫合的線，應將紙型合併核對線條是否等長，相接後的弧度是否順暢（圖2-6）。

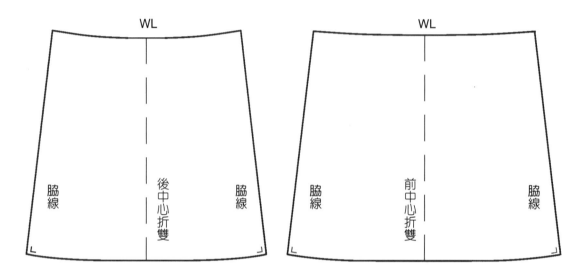

圖2-5　寬襬裙的裁片

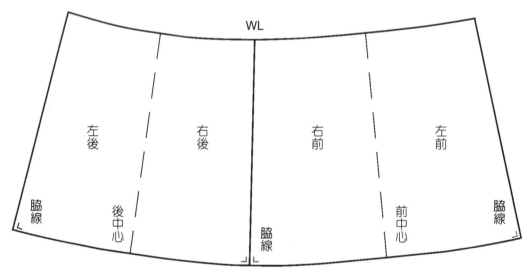

相接縫的脇線取直角，縫合後的襬線才會順暢無角度。

圖2-6　寬襬裙的基本架構

三、裙長變化

　　裙子長度依設計款式與穿著者的需求決定（圖2-7），裙長長度超過膝蓋時，需考慮走路步伐的大小；腳的動作愈大，裙襬圍度應相對變大。

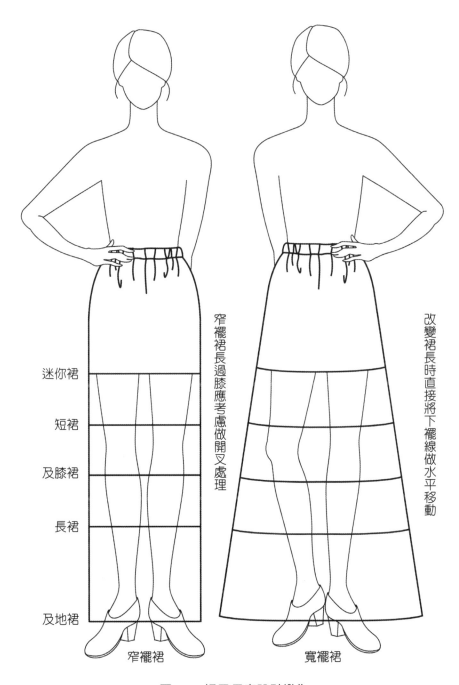

迷你裙
短裙
及膝裙
長裙
及地裙

窄襬裙長過膝應考慮做開叉處理

改變裙長時直接將下襬線做水平移動

窄襬裙　　　　　　　　寬襬裙

圖2-7　裙子長度設計變化

畫好的版型只想改變長度時，可平行移動裙襬
線加減長度，不用重新打版（圖2-8）。窄襬裙型
長度加長時，襬圍尺寸不會改變，若裙長在膝蓋之
上10 cm，走路跨步時不會有影響；若裙長過膝，
襬圍尺寸不足就只能走小碎步，也不能抬腳上下樓
梯。所以裙長過膝的窄襬裙型應考慮步行時跨步距
離所需增加的襬圍尺寸，例如做開叉或加入活褶設
計。寬襬裙型長度加長時，襬圍會隨脇線斜度加
大，對於走路需求的跨步活動量影響較少。

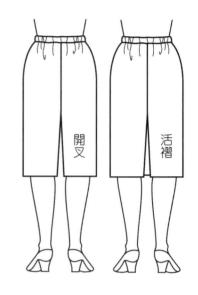

開叉　活褶

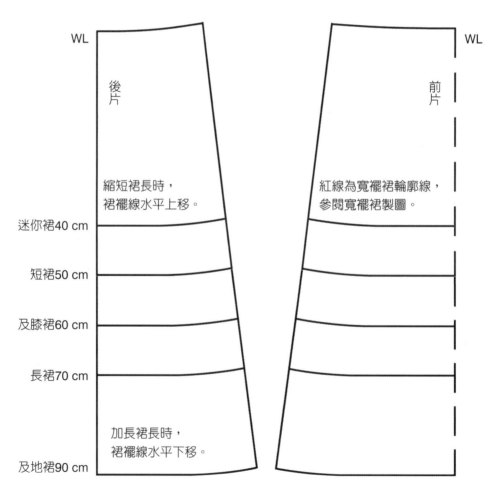

WL　　　　　　　　　　　　　　　WL

後片　　　　　　　　　　　　　　前片

縮短裙長時，
裙襬線水平上移。

紅線為寬襬裙輪廓線，
參閱寬襬裙製圖。

迷你裙40 cm

短裙50 cm

及膝裙60 cm

長裙70 cm

加長裙長時，
裙襬線水平下移。

及地裙90 cm

圖2-8　裙子長度版型變化

四、階層裙、蛋糕裙

採用縮縫抽綯細褶的方式，做出層次的寬襬裙，裙子的腰圍處寬度為臀圍尺寸加上鬆份，這樣穿著時才能將裙腰拉過臀圍套穿。再以腰圍尺寸裁剪鬆緊帶的長度，利用鬆緊帶縮緊為合腰尺寸。裙長的層次高度與裙寬縮縫細褶份，依款式設計決定，或參考黃金比例（1：1.6）分割（圖2-9）。

簡單的黃金比例分割方式如下：

裙長：裙子的總長除以層數，所得數值為最中間層長度，上層減短的數據加於下層。以裙長60 cm除以3層，中間層的長度為20 cm，上層減短5 cm的數據加於下層，上層取15 cm，下層取25 cm。

裙寬：裙寬縮縫的細褶份，依布料厚薄程度與設計決定，以體型公式計算尺寸的黃金比例1.6倍為參考，如右圖。薄料子取2～2.5倍；紗類材質可取3倍。布料越厚、縮縫細褶份越少；布料越薄、縮縫細褶份越多。

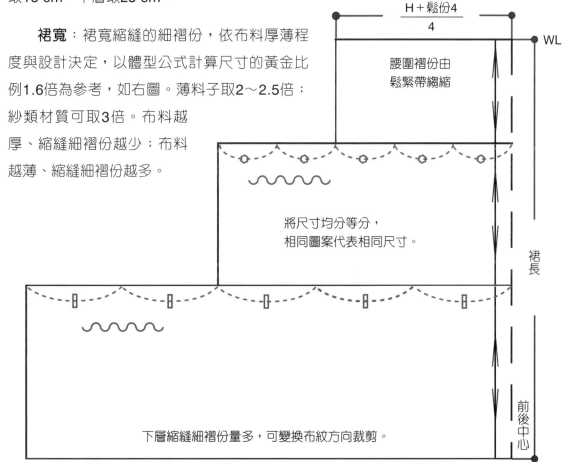

$$\frac{H＋鬆份4}{4}$$

WL

腰圍褶份由鬆緊帶縮縮

將尺寸均分等分，相同圖案代表相同尺寸。

裙長

前後中心

下層縮縫細褶份量多，可變換布紋方向裁剪。

圖2-9 階層裙製圖

階層裙的裁剪

裁片皆為長方形，可直接依照尺寸畫於布上，不用另作紙型。裁片的長寬計算：以三層的裙型為例，臀圍92 cm、裙長60 cm、縮縫褶份設定2倍。

第一層：依照製圖版型前後中心折雙，前後各一片，共兩片裁片（圖2-10）。裁片的紅色完成輪廓線為車縫時的線，裁布時需再留出黑色的縫份線。

$$布寬＝50 \text{ cm}＝\frac{H92＋鬆份4}{2}＋兩側脇縫份2$$

$$布長＝20 \text{ cm}＝裙長60÷3層－上層5＋裙腰鬆緊帶縫份4＋剪接線縫份1$$

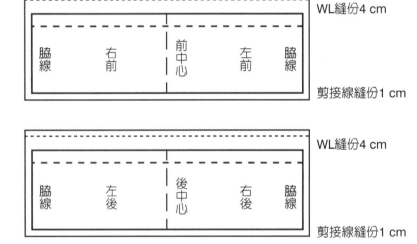

圖2-10　階層裙第一層裁剪兩裁片

如果布幅寬度足夠，可將前後片的脇邊線連在一起成為一片裁片，減少一道切線與車縫線（圖2-11）。

$$布寬＝98 \text{ cm}＝H92＋鬆份4＋兩側脇縫份2$$

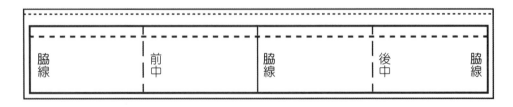

圖2-11　階層裙第一層裁剪一裁片

第二層：前後中心折雙，前後各一片，共兩片裁片（圖2-12）。

布寬＝102 cm＝第一層布寬50×2倍縮縫褶份＋兩側脇縫份2

布長＝22 cm＝裙長60÷3層＋上方剪接線縫份1＋下方剪接線縫份1

圖2-12　階層裙第二層裁剪兩裁片

第三層：前後中心折雙，前後各一片，共兩片裁片。

布寬＝206 cm＝第二層布寬102×2倍縮縫褶份＋兩側脇縫份2

布長＝29 cm＝裙長60÷3層＋上層5＋剪接線縫份1＋裙襬縫份3

如果布幅寬度不夠，可以採用橫布，或裁剪右前、左前、左後、右後，共四片裁片，多二道切線與車縫線（圖2-13）。

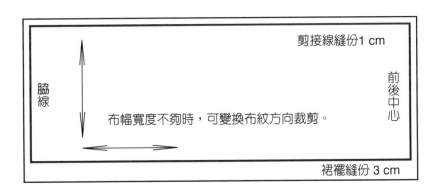

圖2-13　階層裙第三層裁剪四裁片

五、窄裙

　　合身裙的腰圍應計算腰臀差（H－W）取褶份，腰褶的份量可分散於脇線與腰褶之間，側身脇線的腰身曲線弧度約為1.5～2.5cm。脇線的腰身曲線弧度份量取法：

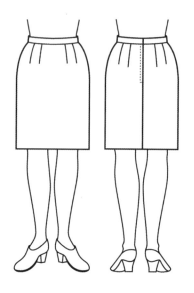

　　粗腰體型腰臀差小＝H－W<18取1.5 cm

　　一般體型腰臀差＝H－W＝18～24取2 cm

　　細腰體型腰臀差大＝H－W>24取2.5 cm

製圖順序1→基本架構線（圖2-14）

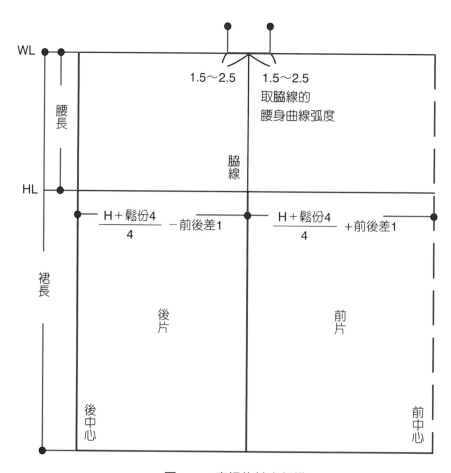

圖2-14　窄裙的基本架構

製圖順序2→腰圍線弧度

1. 因為人體為立體曲面，前身有腹部凸起、後身有臀部翹度、脇側有腰身曲線，所以前中、後中與脇側量取的腰長尺寸不會等長。為使著裝時腰圍呈現水平視覺，腰圍線依照體型曲線調整腰長的長度成為弧線（圖2-15）。

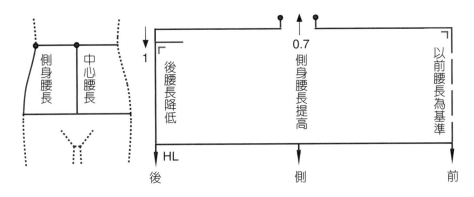

圖2-15 腰圍線弧度的取法

2. 將腰長改變的點，以弧線連接，成為腰圍的完成線。前後中心應維持一小段的水平線，腰線中心折雙後才不會有角度（圖2-16）。

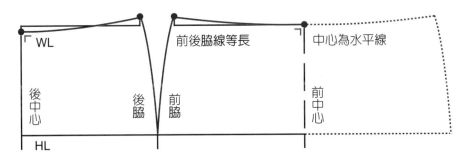

圖2-16 腰圍線弧度的畫法

3. 腰圍完成線弧度需依體型調整，扁身者與圓身者的腰圍弧度不會相同，因此前後中心與脇線提高或降低的份量不是固定的尺寸（圖2-17）。

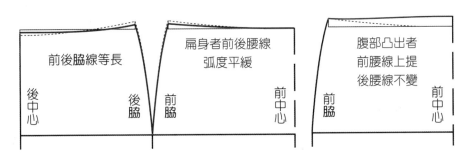

圖2-17 體型與腰圍線弧度的關係

製圖順序3→腰圍尺寸與褶份

先將裙子的輪廓線決定後，再以腰圍公式倒推出褶份量，褶份的寬窄與長短應視體型取決（圖2-18）。以相同的臀圍尺寸比較：

腰圍尺寸小細腰體型腰臀差大＝H－W≧25 cm腰褶份量多，取雙褶（圖2-19）；

腰圍尺寸大粗腰體型腰臀差小＝H－W<25 cm腰褶份量少，取單褶（圖2-20）。

縮縫份：腰圍加入少量縮縫抽縐份，可增加裙腰部弧度曲線，避免動作時腰圍處的緊繃。縮縫份量依布料厚薄程度決定，厚布料可加多、薄布料需加少。

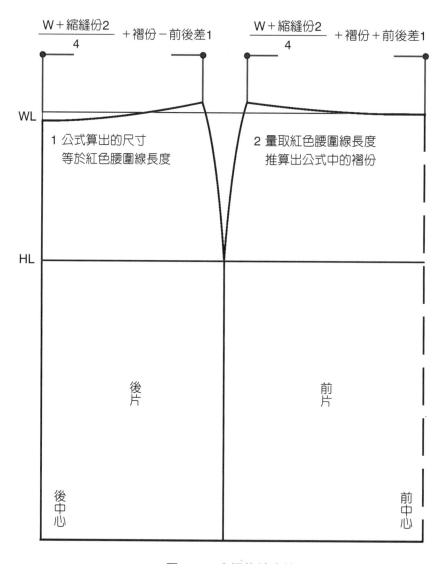

$$\frac{W+縮縫份2}{4}+褶份-前後差1 \qquad \frac{W+縮縫份2}{4}+褶份+前後差1$$

WL

1 公式算出的尺寸
等於紅色腰圍線長度

2 量取紅色腰圍線長度
推算出公式中的褶份

HL

後片

前片

後中心

前中心

圖2-18　窄裙的輪廓線

製圖順序4→褶份的分配

下半身的身體立體曲面比上身緩，每個褶子的寬度不宜大於3 cm，尖褶縫合後才能呈現自然包覆身體的曲面。身體腹部凸面高於臀部凸面，腰褶的長度為前短後長。相同的褶寬，單褶與雙褶的差異在於車縫褶子做出的曲面，單褶褶寬份量集中、曲面強，雙褶褶寬份量分散、曲面緩。

褶份量為5 cm時分為雙褶，每褶2.5 cm；

褶份量為4 cm時分為雙褶，每褶2 cm；

褶份量為3 cm時只做單褶；或是分為雙褶，每褶1.5 cm；

褶份量為2.5 cm時只做單褶。

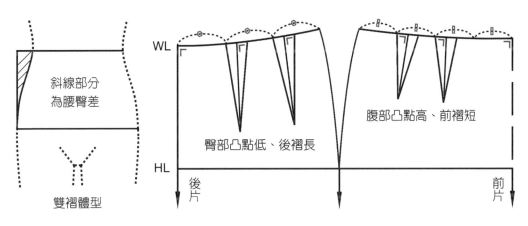

圖2-19　雙褶的位置分配

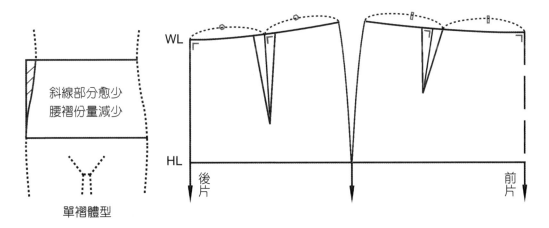

圖2-20　單褶的位置分配

尺規線段的取法

畫中心與臀圍的基準線需對正方格尺的格線，取得平行與垂直的線段（圖2-21）。繪製正確版型的第一步就是圖版的基準線不可以歪斜，垂直線與平行線都必須正確。

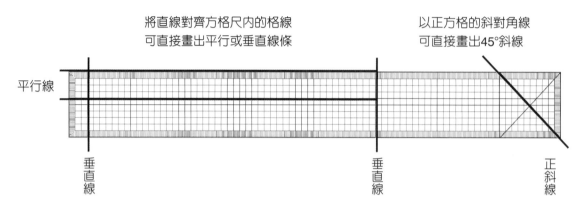

將直線對齊方格尺內的格線
可直接畫出平行或垂直線條

以正方格的斜對角線
可直接畫出45°斜線

平行線

垂直線　　　　　　垂直線　　　　　　正斜線

圖2-21　方格尺的用法

腰圍線為弧線，在前後中心仍應維持水平線，且後中心線所設的下降點應為腰線弧線的最低點。中心沒有取水平線時，若左右對稱後中心會成為尖角（圖2-22）。

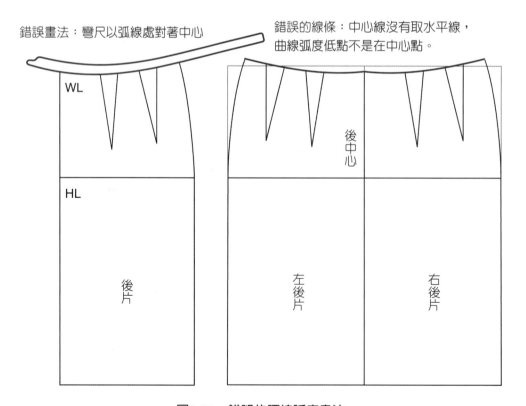

錯誤畫法：彎尺以弧線處對著中心

錯誤的線條：中心線沒有取水平線，
曲線弧度低點不是在中心點。

WL

HL

後片

後中心

左後片

右後片

圖2-22　錯誤的腰線弧度畫法

弧度的畫法是要將彎尺直線處對正需要接到水平或垂直線上，對應身體部位的曲面取弧線，弧線的彎度不可超過中心線設定的低點與臀圍的寬度（圖2-23）。

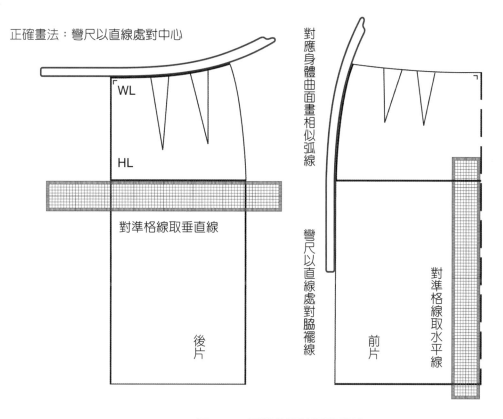

圖2-23　正確的腰線弧度畫法

褶子的中心線與腰圍弧度呈現垂直的狀態，褶子才會成為兩側邊長相同的三角形。褶子的兩側邊等長，可減少紙型因為線條長短不齊的修正，並避免布紋與視覺上的歪斜感（圖2-24）。

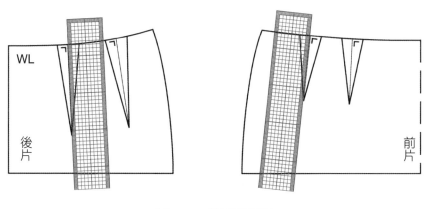

圖2-24　褶子的方向

基本製圖（圖2-25）

1. 量身尺寸：以腰圍、臀圍、腰長、裙長尺寸繪圖。

2. 腰帶：依裁剪排布狀況，可採用直布或橫布裁剪，後中心留出重疊份量為要縫上裙鉤
   扣合的交疊份量。

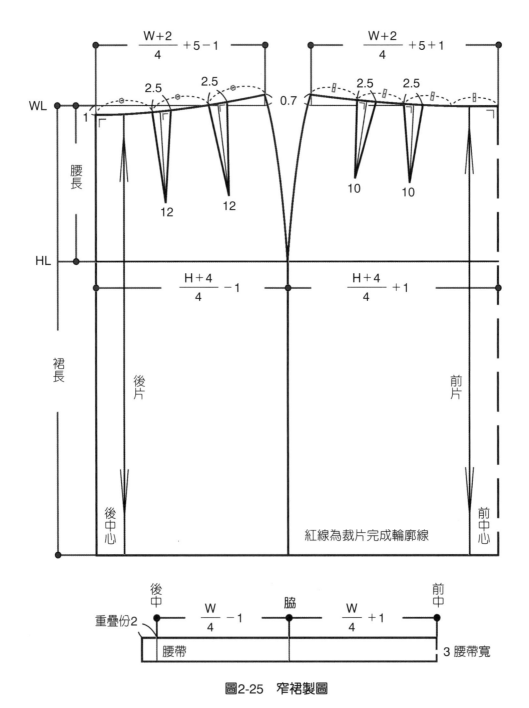

圖2-25　窄裙製圖

窄裙的裁剪

以裁片的紅色完成輪廓線為車縫時的線，裁布時需再留出黑色的裁剪縫份線（圖2-26）。縫份留少，布料容易鬚邊或穿時繃裂；縫份留多，會造成布料厚度堆積影響外觀平整度。縫份須依照不同部位留取：腰圍線為曲線，且要避免接縫腰帶縫份太厚，可以有足夠車合的縫份量留1 cm即可；脇邊接縫線考量寬度尺寸可以有放大縮小的空間，縫份量約1.5～2 cm；後中心線要做拉鍊車縫，縫份量留1.5～2 cm；下襬線考量長度尺寸可以有縮放的空間，縫份量約2.5～5 cm。

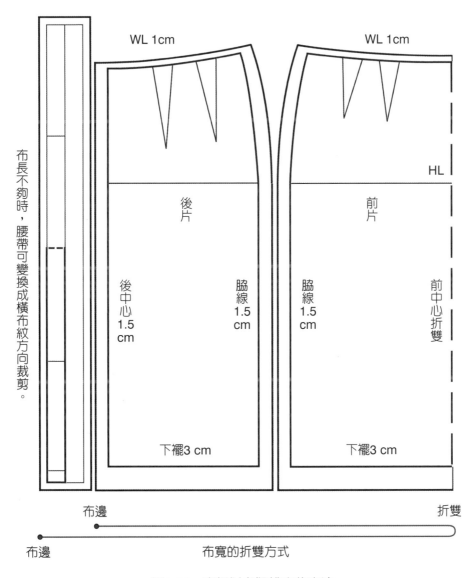

圖2-26　窄裙以虛版排布的方法

拉鍊的長度

　　裙子穿著時腰圍的開口必須拉過身體臀圍，因此鬆緊帶裙製圖時直接用臀圍尺寸計算（圖2-27）。合身裙腰圍的開口小無法拉過臀部，必須以拉鍊增加開口尺寸。拉鍊長度一般以吋計算，7吋長的拉鍊為17.5公分長，可增加35公分的開口尺寸。

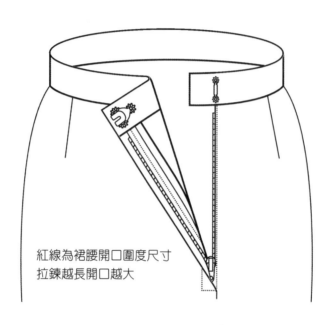

紅線為裙腰開口圍度尺寸
拉鍊越長開口越大

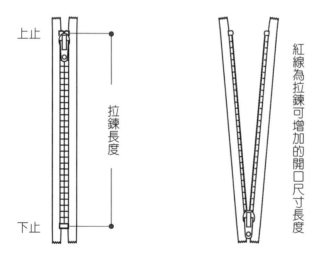

圖2-27　拉鍊長度與裙子開口的關係

六、活褶開衩窄裙

與窄裙相同的打版法，只是在前中心取一個大活褶，後中心做開衩設計，以增加裙襬的圍度，行走步伐需求的活動量也會跟著增加（圖2-28）。大活褶的份量可以依設計改變，活褶份量大、褶子深、用布量多、褶份疊份多、折線穩定；活褶份量小、褶子淺、用布量少、褶份疊份少、折線易散開。後開衩的高低考量走路步伐大小，應以膝蓋高度上下為佳。

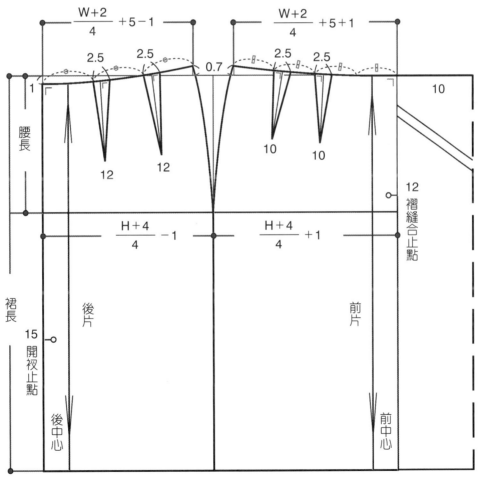

圖2-28　活褶開衩窄裙製圖

使用窄裙為原型的製圖法

活褶開衩窄裙與窄裙製圖相同，只是增加了細部設計變化（圖2-29）。直接以窄裙的基本製圖為原型，再加上前褶與後衩的尺寸與製圖符號即可，比起重新繪圖更為省時方便。

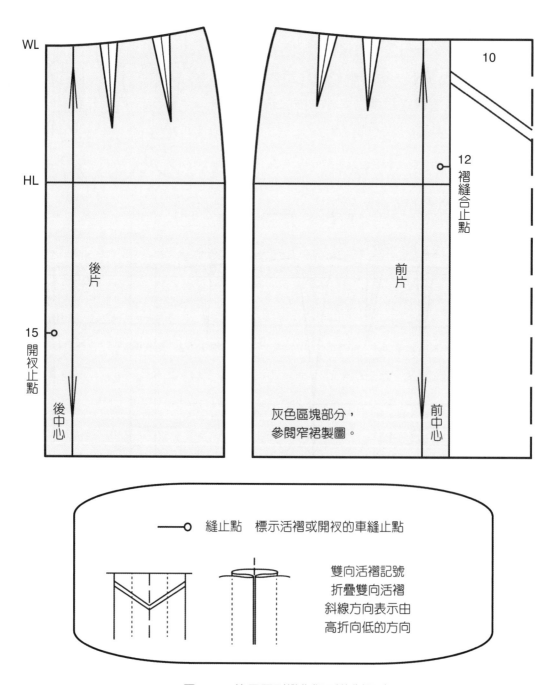

圖2-29　使用原型變化版型的製圖法

七、窄裙細部設計變化

以相同的方法排列組合運用，就可產生相同輪廓、不同細節的設計變化。例如：將開叉設計置兩脇邊線、將大活褶置於後中心、前後都有中心大活褶，或開口方式改為前中心開釦設計。

款式一：兩脇開叉設計（圖2-30）

長度過膝的窄裙多以開叉方式增加步行所需的機能活動量，例如中式旗袍、合身禮服。

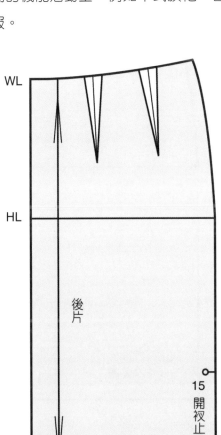
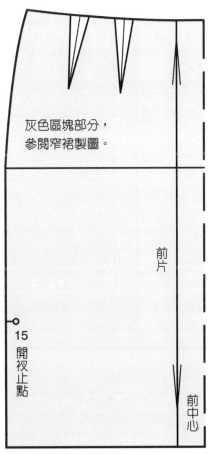

WL

HL

後片

後中心

15 開叉止點

灰色區塊部分，參閱窄裙製圖。

前片

前中心

15 開叉止點

圖2-30　開叉窄裙的版型標示方式

款式二：後中活褶設計

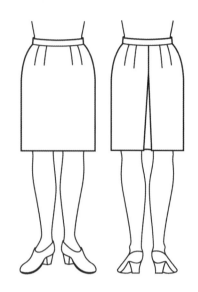

大活褶置於後中心時，後中心折雙裁剪，拉鍊與
腰帶裙鉤的扣合份都在左脇（圖2-31）。

重疊份（持出份、打合份）：服裝開口處兩側交
疊的份量，例如衣服的前襟或裙褲腰拉鏈處，有交疊
的份量才能縫上釦子或裙鉤，扣合後服裝呈現平整的
狀態。

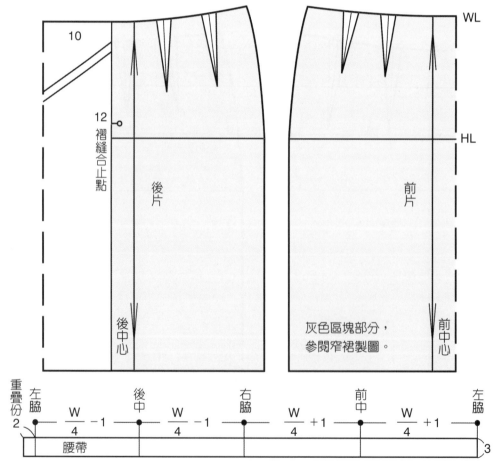

圖2-31　配合拉鍊開口的腰帶製圖展開

款式三：前後中活褶設計

　　大活褶置於後中心時，後中心需折雙裁剪，拉鍊開口與腰帶重疊持出份都在左脇（圖2-32、圖2-33）。

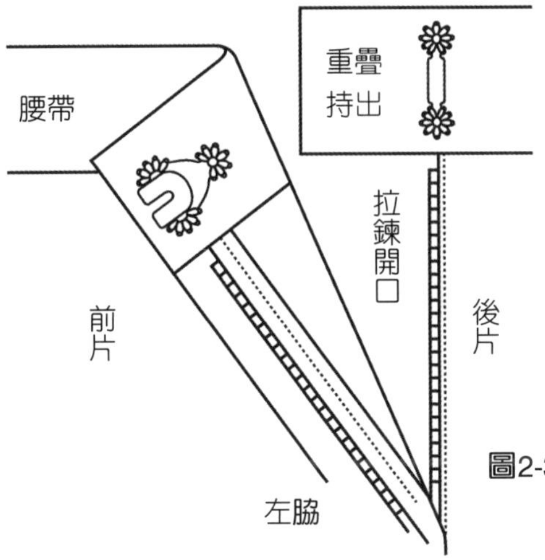

圖2-32　拉鍊、裙鉤與腰帶持出的位置

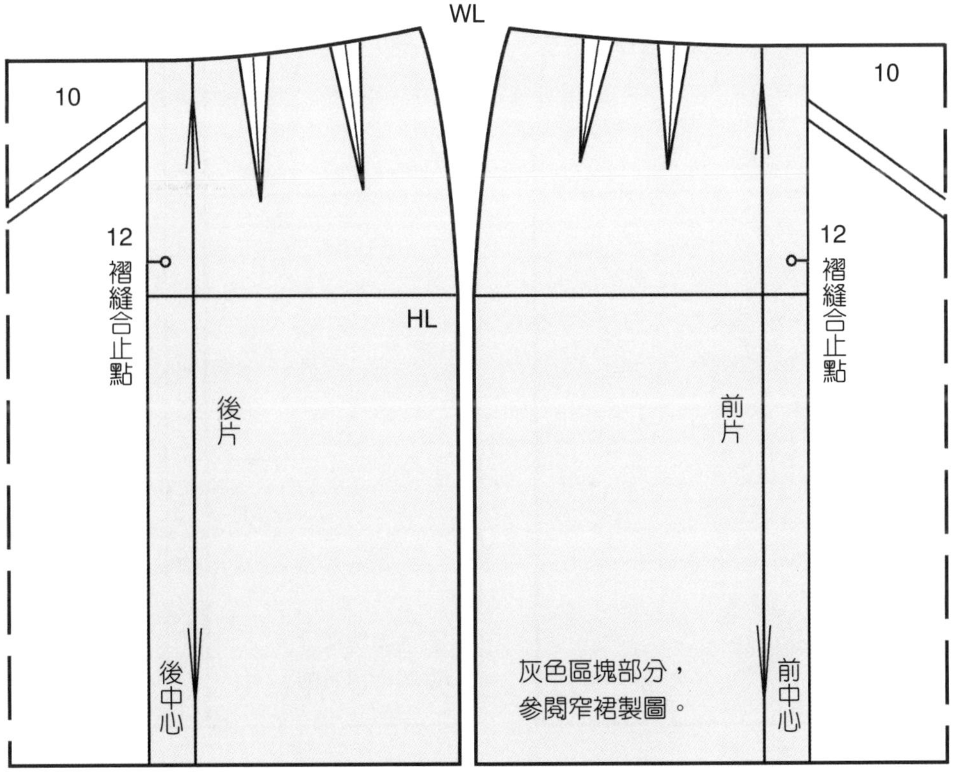

圖2-33　前後中活褶設計窄裙版型

款式四：前中開口設計

設計為前開口穿著時（圖2-34），前端需折回貼邊使中心有雙層布料，縫釦洞與釦子可以有較好的挺度與強力（圖2-35）。

貼邊：衣服開口邊緣的收邊用布，例如衣服的前襟需要多留表布，貼襯後將裁片邊緣往內折，或是無領無袖的開口處裁剪與領口、袖口同形狀的表布貼襯後，用來處理裁片邊緣。貼邊在穿著活動時若開口處外翻還是看得見表布，不會顯現布料反面。貼邊貼襯可使服裝開口處呈現平整、不易變形的狀態。

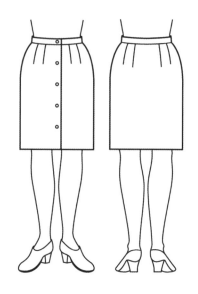

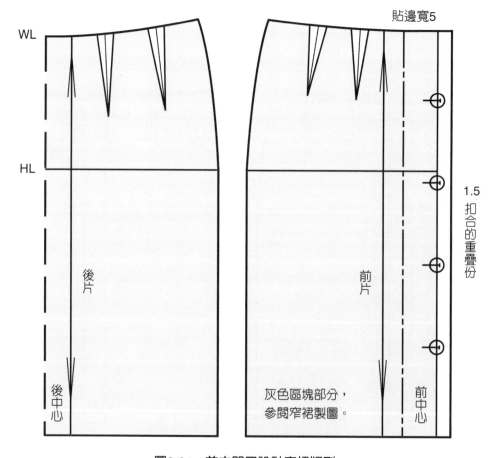

圖2-34　前中開口設計窄裙版型

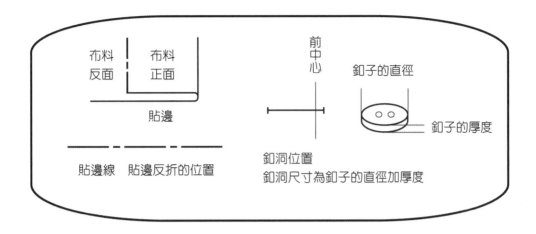

正確的釦洞位置

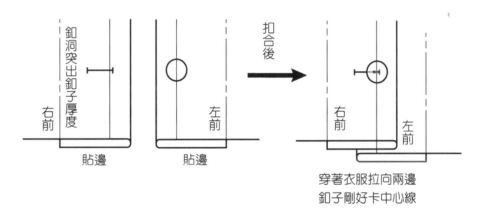

錯誤的釦洞位置

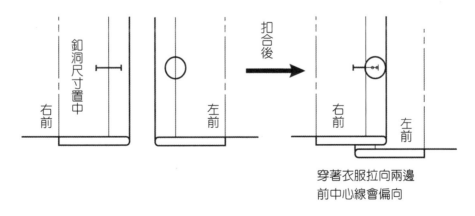

圖2-35　釦洞位置與製圖符號

八、一片裙

　　將前後裙片的脇邊線相連裁剪，側身成為一個大脇褶。前中心線延伸加大重疊份，成為後中心裁雙、由前面交疊扣合的一片式包裹穿著的裙型（圖2-36）。因直接圍裹穿著方便，多作為外罩式圍裙，例如加長裙長，成為外出防曬裙。

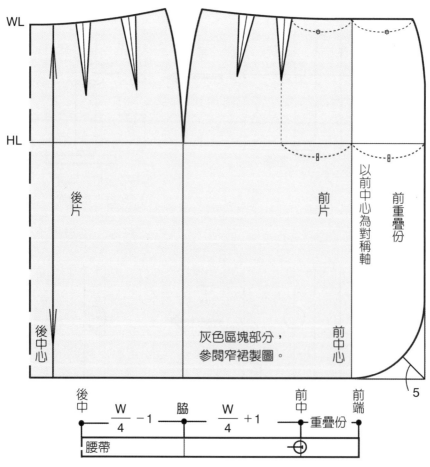

圖2-36　一片裙版型

九、包捲裙

與一片裙相同,是由前面交疊扣合的一片式包裹穿著的裙型(圖2-37)。基礎輪廓改變、細部設計改變,裙子就可以呈現不同的風格。以鬆緊帶寬襬裙的基本製圖為原型,改為三片梯形裁片裁剪,接縫後可使裙襬寬度增加,增強穿著時的活動機能;但較為耗布且增加車縫時的工序。

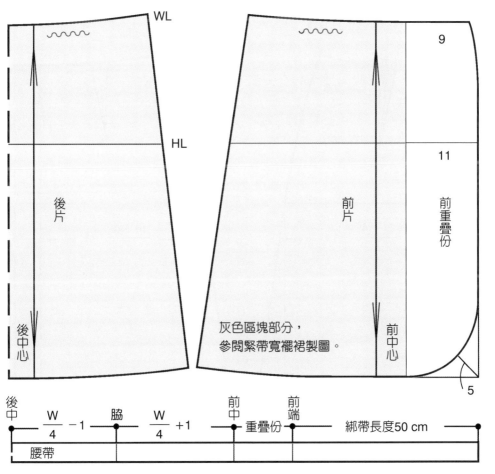

灰色區塊部分,
參閱緊帶寬襬裙製圖。

圖2-37 包捲裙版型

十、A字裙、半窄裙

　　A字裙是臀圍線以上合身、臀圍線以下裙襬做斜向展開，增加裙襬寬度的裙型（圖2-38）。加寬裙襬不需開叉與製作活褶，就能因應走路步伐寬度的需求。因為脇邊線採用斜線，腰圍尺寸會向內縮小，等於少了一個腰褶的份量。因此腰圍所加的腰褶尺寸只有窄裙的一半。

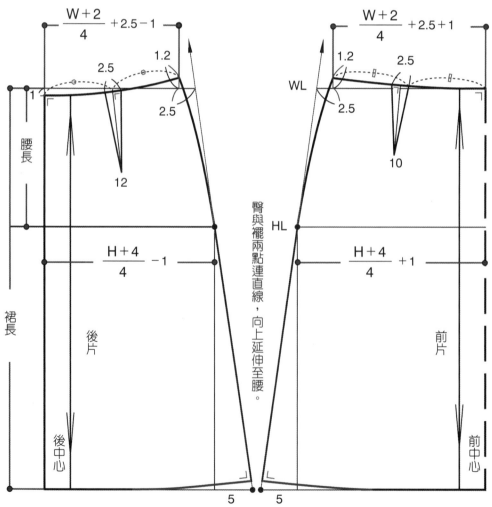

圖2-38　A字裙製圖

紙型的核對與修正

　　檢查紙型上相接縫合的線必須等長，例如前後片的脇邊線。腰圍線車縫褶子後也應順暢無角度，可將紙型的腰褶、脇線併合後修順弧線（圖2-39）。

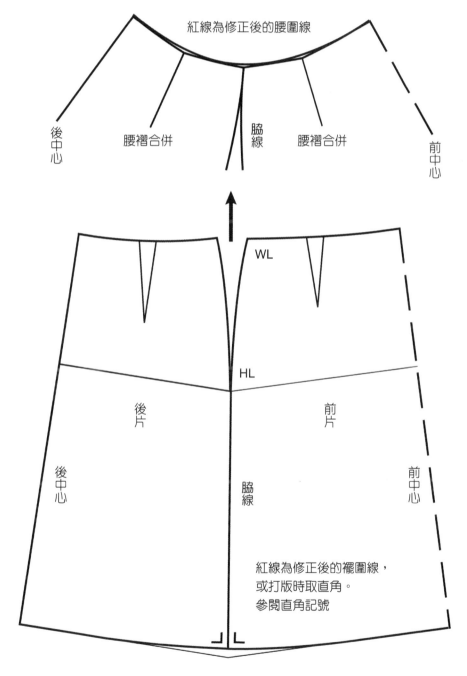

紅線為修正後的腰圍線

後中心　　腰褶合併　　脇線　　腰褶合併　　前中心

WL

HL

後片　　前片

後中心　　脇線　　前中心

紅線為修正後的襬圍線，
或打版時取直角。
參閱直角記號

圖2-39　版型弧線角度的修正

十一、荷葉邊A字裙

以A字裙的基本製圖為原型，在裙襬
處加入橫向抽縐細褶的荷葉邊裝飾（圖
2-40），與階層裙都屬於橫向剪接線設計的
服裝。裙長的長度要含荷葉邊的寬度，也
可以利用蕾絲花邊做細部變化設計（抽細
褶份量計算可參閱階層裙）。

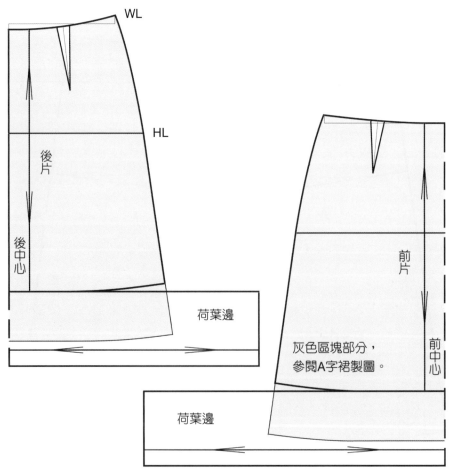

圖2-40　荷葉邊A字裙版型

十二、八片裙

為直向剪接線設計的服裝，以A字裙的基本製圖為原型，將裙襬寬度尺寸分為二等份，與腰褶連線成為前、前脇、後、後脇共八裁片（圖2-41）。利用裁剪線消除褶份，不需製作褶子也能產生立體感，以裁片的直向最長位置取直布紋。

灰色區塊部分，
參閱A字裙製圖。

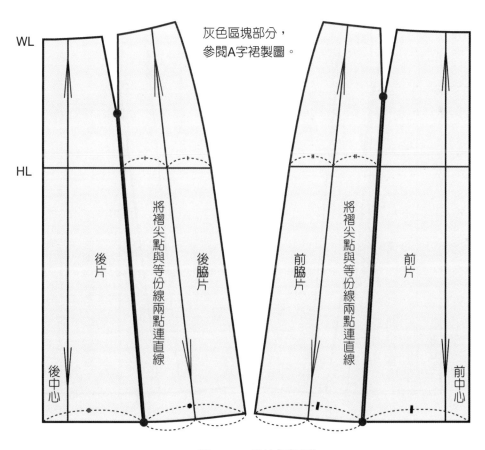

WL

HL

後片

將褶尖點與等份線兩點連直線

後脇片

前脇片

將褶尖點與等份線兩點連直線

前片

後中心

前中心

圖2-41　八片裙版型

片裙版型的裁剪線可直接加出裙襬寬
度，改變裙子的輪廓造型（圖2-42）。

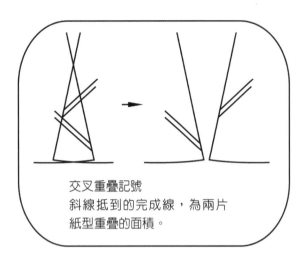

交叉重疊記號
斜線抵到的完成線，為兩片
紙型重疊的面積。

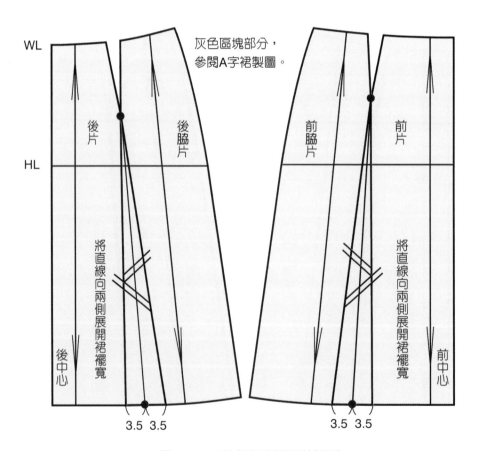

灰色區塊部分，
參閱A字裙製圖。

WL

後片　後脇片

HL

將直線向兩側展開裙襬寬

後中心

3.5　3.5

前脇片　前片

將直線向兩側展開裙襬寬

前中心

3.5　3.5

圖2-42　八片裙加寬襬圍的版型

倒插裁剪：裁片形狀為梯型時，可以採用裁片上下顛倒的裁剪方式，縮少裁片間的空隙以節省用布（圖2-43）。如果布料的條紋或圖案有分上下的方向性，就不可以採用倒插裁剪的方式。

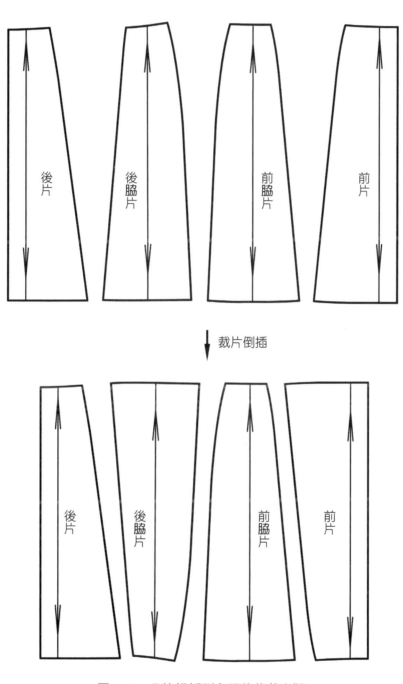

圖2-43　八片裙紙型處理後的裁布版

十三、六片裙

以A字裙的基本製圖為原型，將臀圍與裙襬寬度尺寸各分為三等份，腰褶向中心等份移動，成為前後共六裁片（圖2-44）。製圖方式與八片裙相似（圖2-41），也是利用裁剪線消除褶份，不需製作褶子。

裁片的直向最長位置取直布紋。前後中心線都採折雙裁剪，拉鍊開口置於左脇邊。

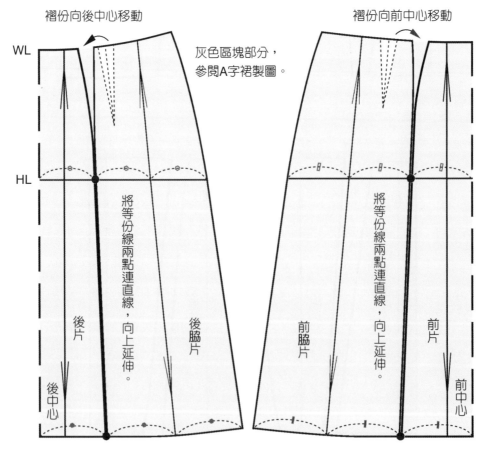

灰色區塊部分，參閱A字裙製圖。

褶份向後中心移動

褶份向前中心移動

WL

HL

後片

後脇片

將等份線兩點連直線，向上延伸。

後中心

前脇片

前片

將等份線兩點連直線，向上延伸。

前中心

圖2-44　六片裙版型

十四、褶裙

以六片裙的基本製圖為原型,將臀圍線水平延長,在剪接線處移動裁片,打開活褶份,成為前後各一片的大裁片。腰褶份與活褶份合併,不需另外製作尖褶(圖2-45)。

前後中心線都採折雙裁剪,拉鍊開口與腰帶持出份都在左脇。

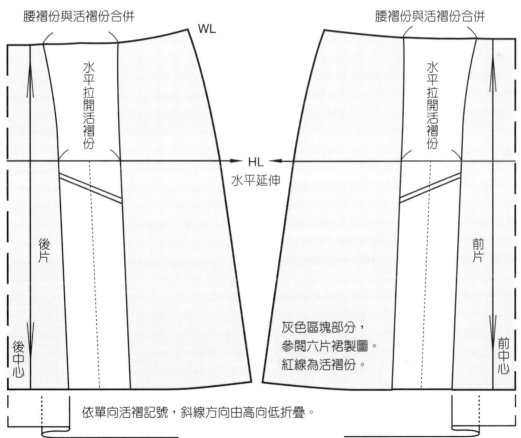

圖2-45　兩條單向活褶裙

褶裙的褶份設計變化（圖2-46、圖2-47、圖2-48）

1. 活褶的設計是以裙片直向切割後，再將臀圍線以水平拉開的方式製作褶份，可增加服裝的寬度變化，並提高服裝的機能性，如同活褶開衩窄裙。

2. 活褶的倒向改變，裙子外觀就會呈現不同的視覺效果。活褶的倒向可以是以中心為對稱軸左右相對合的雙向箱褶，或同方向的單向輪褶。利用褶子的倒向、份量與位置的改變，可做出不同的設計變化。

3. 製圖的灰色區塊部分，為裙子依據體型基本尺寸繪製，尺寸不能任意做更改。白色區塊部分活褶的寬度份量是以臀圍尺寸為分配依據另外加出，不會影響體型基本尺寸，就可依想要呈現的褶子數量與淺深寬度增減。

4. 活褶的寬度份量，應依布料的幅寬與厚薄為考量依據。活褶的數量多時，褶子就不宜設計太寬。褶子太寬若在臀圍處重疊，會因布料的厚度堆疊而影響外觀，且因布料的幅寬有限制，裙片若無法裁雙，可能需要分裁成多片，增加製作的工序與成本。

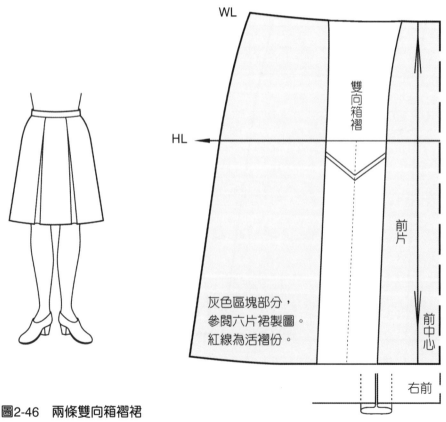

圖2-46　兩條雙向箱褶裙

圖2-47　三條雙向箱褶裙

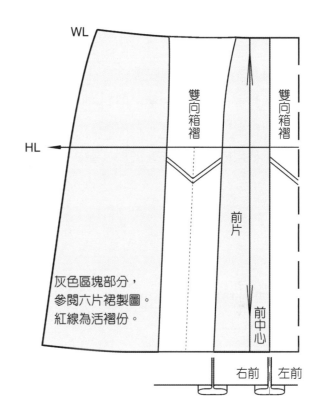

雙向箱褶

雙向箱褶

前片

灰色區塊部分，
參閱六片裙製圖。
紅線為活褶份。

前中心

右前　左前

WL

HL

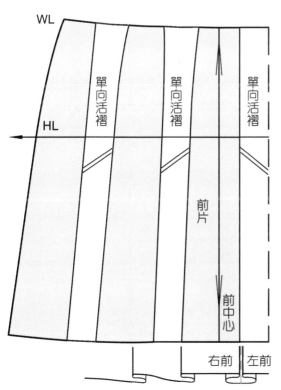

單向活褶

單向活褶

單向活褶

前片

前中心

右前　左前

WL

HL

圖2-48　五條活褶裙

十五、多片裙

直接用腰圍與臀圍的尺寸除以裙裁片數,繪製多片裙,所有的裙裁片都呈現相同形狀,在打版製圖上比使用原型、更快速簡易(圖 2-49)。

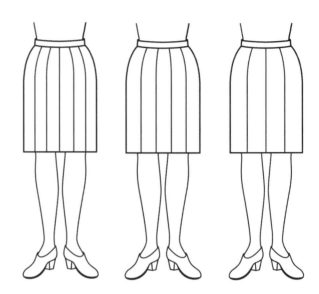

窄版裙型裁片數的變化

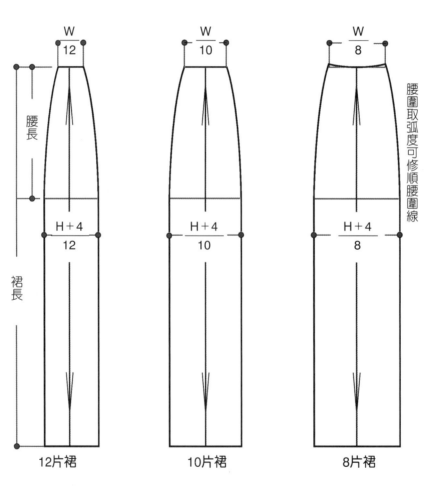

圖2-49　多片裙製圖

版型輪廓的設計變化

以體型為打版基準的原型架構下，利用多裁片的剪接線條變化，改變輪廓線條可以做出各種不同造型款式（圖2-50、圖2-51、圖2-52）。

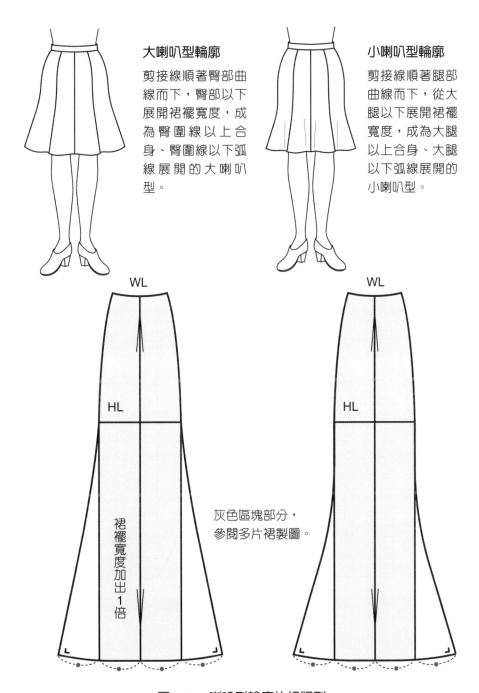

大喇叭型輪廓

剪接線順著臀部曲線而下，臀部以下展開裙襬寬度，成為臀圍線以上合身、臀圍線以下弧線展開的大喇叭型。

小喇叭型輪廓

剪接線順著腿部曲線而下，從大腿以下展開裙襬寬度，成為大腿以上合身、大腿以下弧線展開的小喇叭型。

WL

HL

裙襬寬度加出1倍

灰色區塊部分，
參閱多片裙製圖。

WL

HL

圖2-50　喇叭型輪廓片裙版型

寬襬型輪廓

剪接線順著腹部
曲線而下，腹部
以下展開裙襬寬
度，成為腹圍線
以上合身、腹圍
線以下直線展開
的寬襬型。

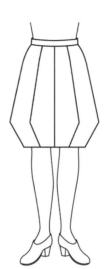

角型輪廓

剪接線順著腹部曲
線而下，腹部以下
展開裙襬寬度，至
大腿下再轉折角度
縮窄裙襬，成為菱
形角度。角度的大
小與高低位置可依
設計造型改變。

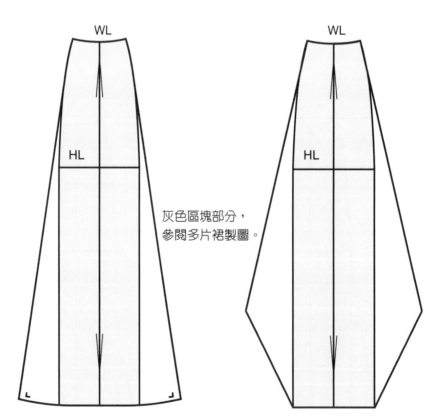

灰色區塊部分，
參閱多片裙製圖。

圖2-51　直線造形輪廓片裙版型

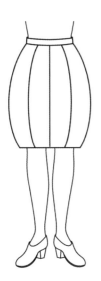

球型輪廓

剪接線順著腹部曲
線而下，腹部以下
展開裙襬寬度，至
大腿下再以弧線縮
窄裙襬，成為球型
的輪廓。

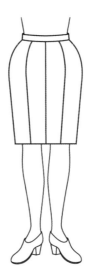

樽型輪廓

與球型製圖方式
相同，但弧度的
大小與高低位置
改變，呈現出的
造型輪廓完全不
同。

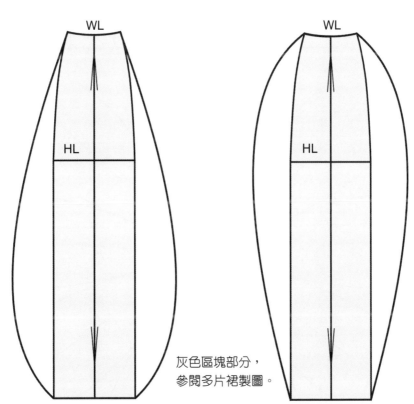

灰色區塊部分，
參閱多片裙製圖。

圖2-52　弧線造形輪廓片裙版型

多片裙的裁片組合

　　所有的裙裁片都是相同形狀，以八片裙為例：裁剪八片裁片縫合即可（圖2-53）
（圖2-54）。

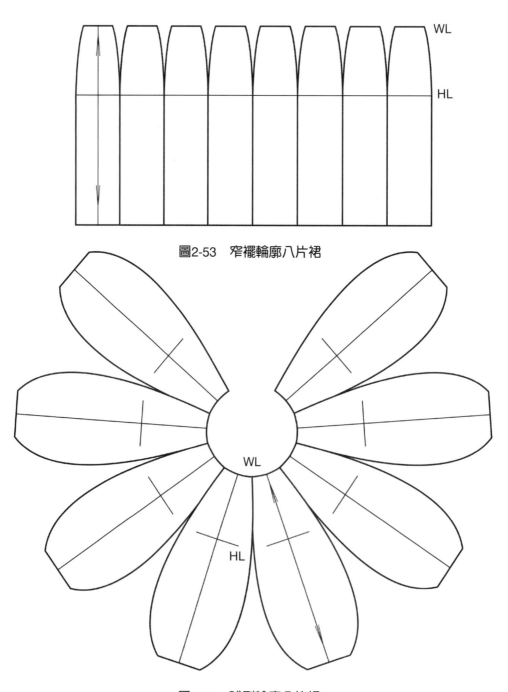

圖2-53　窄襬輪廓八片裙

圖2-54　球型輪廓八片裙

裁剪方向的設計變化

不對稱設計的服裝版型在裁剪時，相同的版型可能因為布料正反面裁剪方向不同而呈現不同的外觀。裁剪時將布料折雙成為正面相對的兩層布，再進行裁剪，可同時裁出左右對稱的裁片；不對稱的斜襬線如果採折雙裁剪，就會有兩組布料正反面與襬斜度都對稱的裁片各四片（圖2-55）。

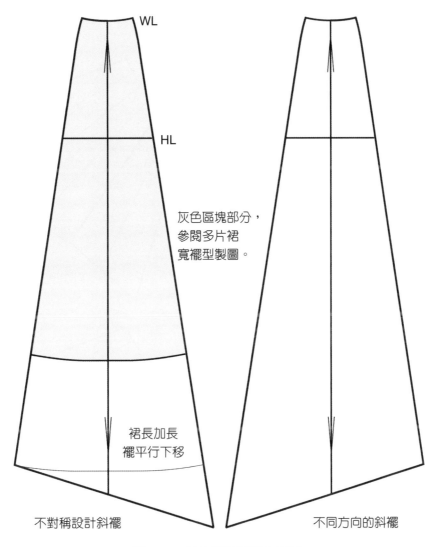

圖2-55　八片寬襬裙變化版型

將兩組對稱的裁片以不同的排列方式縫合，就可變化成不同形式的裙襬設計。因為裁剪的裁片呈現兩兩對稱，組合出來的裙子款式還是呈現對稱的形式（圖2-56）。

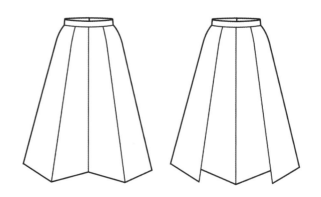

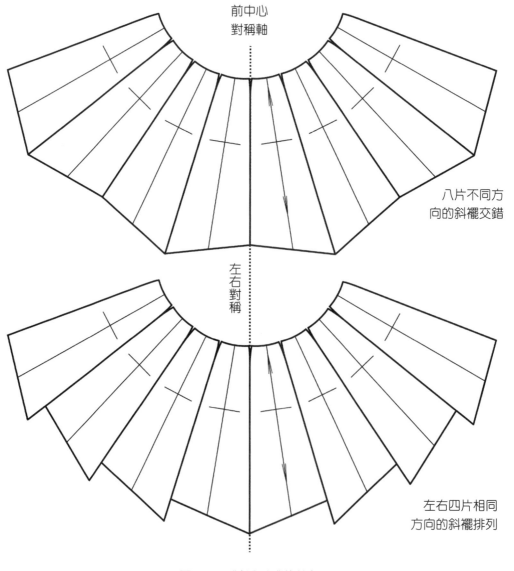

前中心
對稱軸

八片不同方向的斜襬交錯

左右對稱

左右四片相同方向的斜襬排列

圖2-56　對稱形式的片裙

在裁剪時將布料以同一面單層進行裁剪，就會裁出斜襯線方向都相同的八片裁片。因為裁剪的裁片布料正反面完全相同，且襯斜度為相同的單一方向，縫合出來的裙子款式會呈現不對稱的形式（圖2-57）。

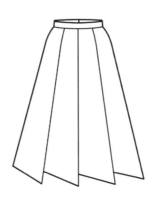

不對稱設計，裁片必須同方向、不能折雙裁剪，
需單層布正反相同，裁剪八片一模一樣的裁片。

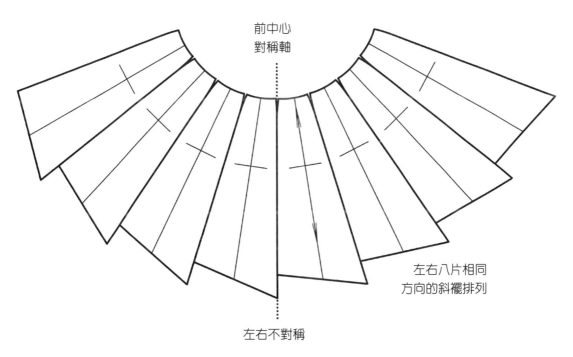

前中心
對稱軸

左右八片相同
方向的斜襯排列

左右不對稱

圖2-57　不對稱形式的片裙

十六、百褶裙

褶裙的褶數平均分布圍繞於臀圍時，稱為百褶裙（圖2-58）。

$$\frac{臀圍＋鬆份}{褶數}＝臀圍褶面的寬度；$$

$$\frac{腰圍}{褶數}＝腰圍褶面的寬度；$$

$$\frac{腰臀差}{褶數}＝腰褶份。$$

例如：

$$\frac{臀圍92＋鬆份4}{褶數16}＝臀圍褶面的寬度6\ cm；$$

$$\frac{腰圍64}{褶數16}＝腰圍褶面的寬度4\ cm；$$

$$\frac{腰臀差96－64＝32}{褶數16}＝腰褶份2\ cm。$$

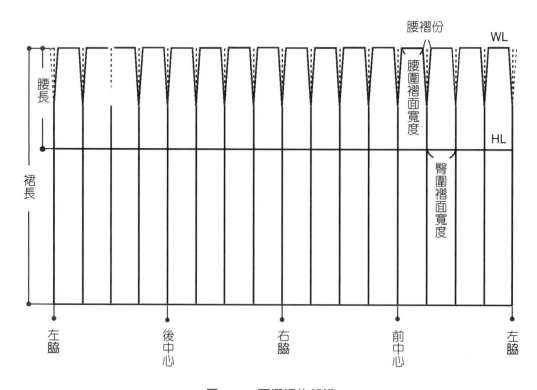

圖2-58　百褶裙的架構

褶面寬與活褶寬度的比例

　　百褶裙的褶面寬度與活褶寬度比例，應依布料的幅寬與厚薄為考量依據。以相同的布料做比較：活褶寬度為褶面寬度的兩倍時，折燙完成後裙子臀圍處的布料厚度都是三層，裙片表面呈現均衡平整的理想狀態（圖2-59）。活褶寬度大於褶面寬度的兩倍時，折燙完成後裙子臀圍處為三層與五層布料不同的厚度交疊；活褶寬度小於褶面寬度的兩倍時，折燙完成後裙子臀圍處為一層與三層布料不同的厚度交疊，裙片表面會呈現布料厚薄不均的層次落差（圖2-60）。

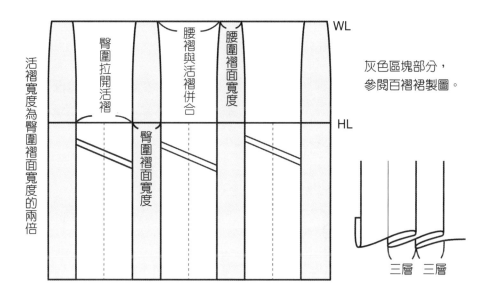

圖2-59　褶面寬度與活褶寬度比例適當

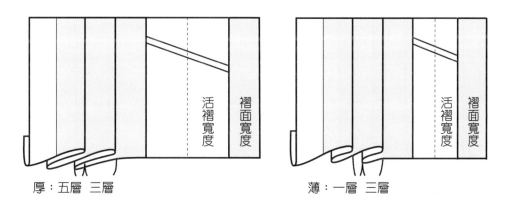

圖2-60　褶面寬度與活褶寬度比例不佳

百褶裙的製作要點（圖2-61）

百褶裙的活褶平均分布圍繞於臀圍，腰褶份也平均分散併合於活褶份量中，車縫腰帶時，再做縮腰處理。百褶裙與鬆緊帶直筒裙一樣是由一片長方形裁片構成，因此不需要紙型，就可算出裁片數據直接裁剪折燙。

裁片的長寬計算：

以16褶為例，臀圍褶面的寬度6 cm，活褶寬度12 cm

布寬＝臀圍褶面總寬度96 cm（16褶×6 cm）
　　　　＋活褶總寬度192 cm（16褶×12 cm）＋脇剪接縫份3 cm

布長＝裙長＋裙腰縫份1 cm＋裙襬縫份3 cm

縮腰：百褶裙的活褶以直線狀態整燙，整燙後的寬度為臀圍加上鬆份的尺寸。臀圍線以上要縮小為符合腰圍的尺寸，製作腰帶時每一活褶線都必須再將腰褶份對齊合併，使裙子呈現合於身體曲面的狀態。

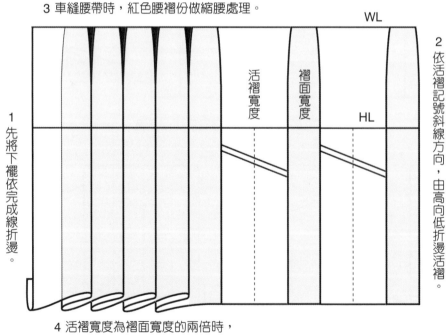

3 車縫腰帶時，紅色腰褶份做縮腰處理。

WL

活褶寬度

褶面寬度

HL

1 先將下襬依完成線折燙。

2 依活褶記號斜線方向，由高向低折燙活褶。

4 活褶寬度為褶面寬度的兩倍時，
　折燙完成的裙片為平均三層布料的厚度。

圖2-61　百褶裙的製作步驟

十七、樽形裙

以窄裙的基本製圖為原型，將腰圍尺寸分為三等份後，腰褶位置向等份線移動，裙襬寬度尺寸分為三等份，與褶尖點連成直線（圖2-62）。

紙型處裡的方法：將紙型由腰褶等份線往下剪至下襬線，剪開的紙型從腰圍線直接開展加大成為活褶，是腰、臀部膨出，上方開展的裙型（圖2-63）。

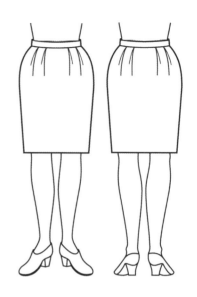

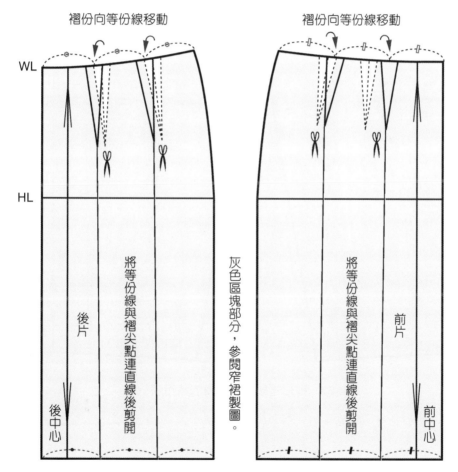

圖2-62　樽形裙版型製作

腰褶開展加大成為活褶，活褶份量包含原有的腰褶份量。脇邊線在裙襬處內縮，強化裙型輪廓，突顯臀部到腿之間的線條。

　　樽形造型的裙子版型如果使用多片裙的結構方式，會有直向的剪接線、表面平整沒有褶子，可以藉由剪接線弧度改變造型輪廓（參閱多片裙、圖2-49）；如果使用窄裙原型紙型開展的結構方式，就沒有剪接線，但有褶份量可以用大活褶或抽縫細褶的方式呈現，褶份的分配依照體型、造型決定。

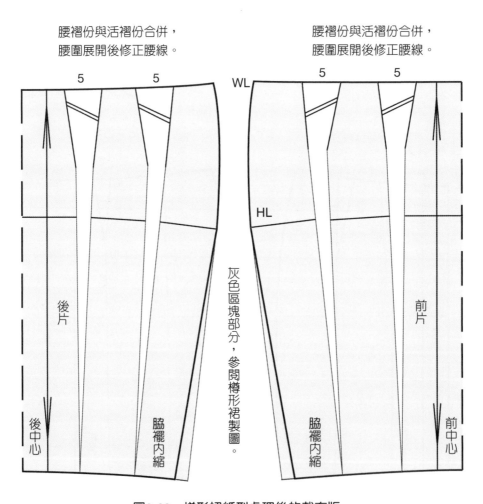

圖2-63　樽形裙紙型處理後的裁布版

十八、斜裙、四片裙

與樽形裙使用相同的製圖版型，只是褶份開展的方向相反。以窄裙的基本製圖為原型，將腰圍尺寸分為三等份後，腰褶位置向等份線移動，裙襬寬度尺寸分為三等份，與褶尖點連成直線（圖2-64）。

紙型處理的方法：將紙型由裙襬等份線往上剪至褶尖點，再將腰褶折疊合併（圖2-65）。合併的腰褶份量會在裙襬處打開，這是將褶份從腰圍轉換到裙襬的方式，稱為「褶子轉移」。利用褶子轉移可依設計改變褶子的位置與呈現方式。

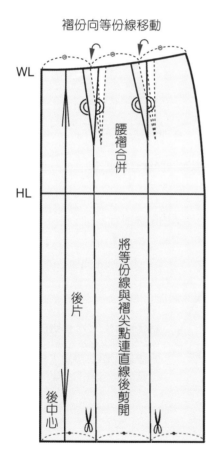
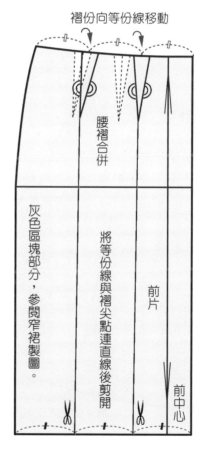

圖2-64　斜裙版型製作

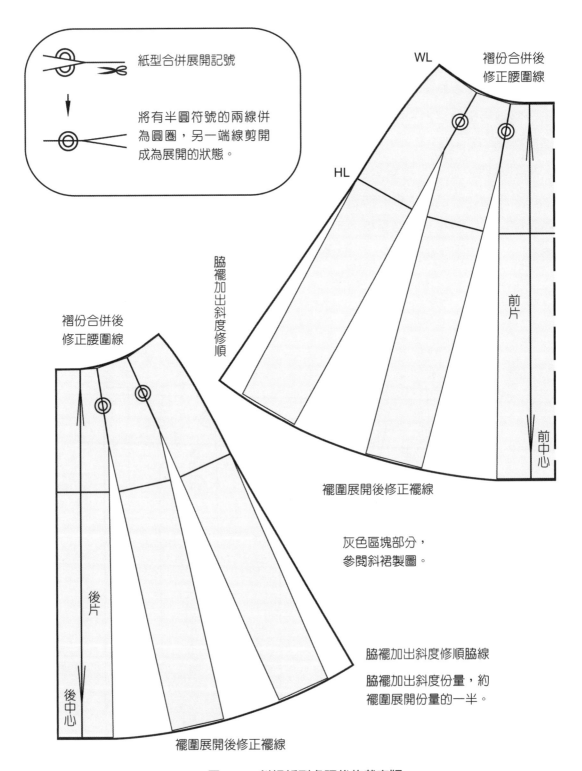

紙型合併展開記號

將有半圓符號的兩線併為圓圈，另一端線剪開成為展開的狀態。

WL

褶份合併後修正腰圍線

HL

脇襬加出斜度修順

前片

前中心

褶份合併後修正腰圍線

襬圍展開後修正襬線

灰色區塊部分，參閱斜裙製圖。

後片

後中心

襬圍展開後修正襬線

脇襬加出斜度修順脇線

脇襬加出斜度份量，約襬圍展開份量的一半。

圖2-65 斜裙紙型處理後的裁布版

斜裙裁剪設計變化

改變布紋的方向可使斜裙垂墜波浪呈現不同的視覺效果,以條紋布裁剪效果會更為明顯。

以身體的前後中心線為裁剪直布紋方向(圖2-66):脇邊線為斜布,裙子兩側有較佳的垂墜波浪。前中心線可以採折雙裁剪的方式,為節省用布也可以採用其中一片裁片上下顛倒的倒插裁剪方式。

圖2-66 前後中心線裁剪
直布紋倒插裁剪

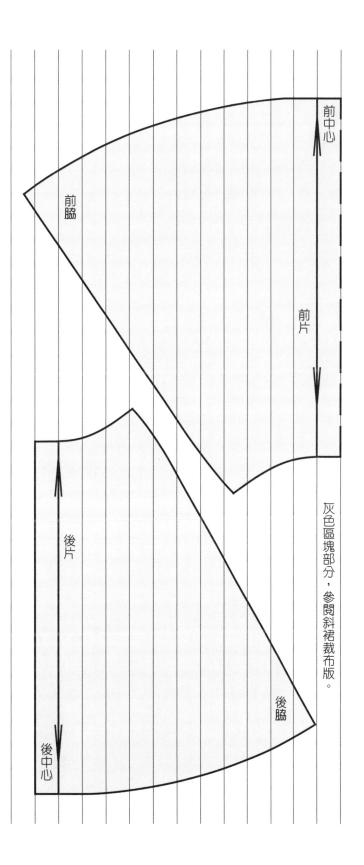

前脇

前中心

前片

後片

後中心

後脇

灰色區塊部分,參閱斜裙裁布版。

以裁片的中心線為裁剪直布紋方向（圖2-67）：
身體的前後中心線與脇邊線皆為斜布，穿著時裙子的中心與兩側呈現均衡垂墜的波浪。前、後中心線不能採用折雙裁剪的方式，斜向條紋可以呈現漂亮的對合角度。

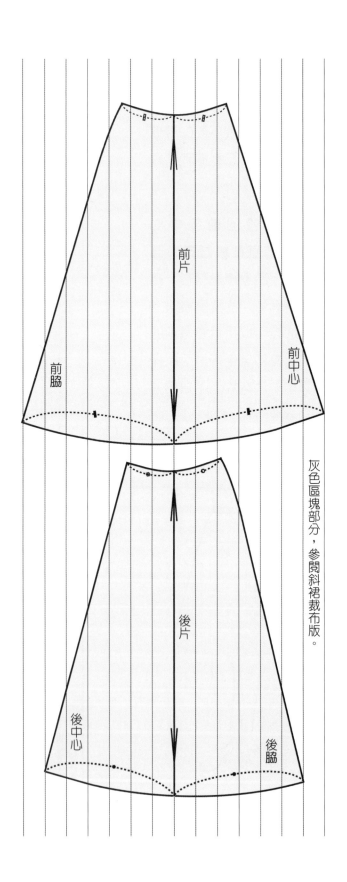

前片

前脇

前中心

灰色區塊部分，參閱斜裙裁布版。

後片

後中心

後脇

圖2-67　裁片中心線裁剪直布紋同方向裁剪

十九、六片螺旋裙

左右不對稱的設計,版型不能只畫半身,需將左右身都畫出來才能呈現完整的設計剪接線。依照體型繪製的版型,在尺寸與架構不變的設定下,版型內可做任意的設計切割線,接縫回去後仍可維持原來的尺寸與架構。螺旋裙就是以這樣的方法打版,使用斜裙的基礎架構,在版型內作斜向環繞的切割曲線。以斜裙基本製圖為原型,畫出左右身後,將腰圍、臀圍、裙襬尺寸分為三等份,切割斜向環繞的曲線(圖2-68、圖2-69、圖2-70)。曲線的彎度依設計美感取決,所以不需要特定的尺寸。

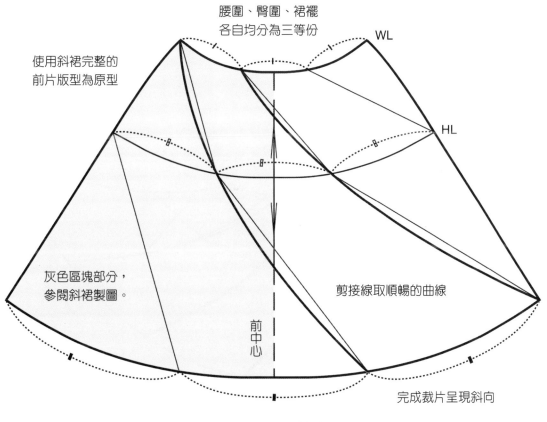

腰圍、臀圍、裙襬
各自均分為三等份

WL

使用斜裙完整的
前片版型為原型

HL

灰色區塊部分,
參閱斜裙製圖。

剪接線取順暢的曲線

前中心

完成裁片呈現斜向

圖2-68　六片螺旋裙版型

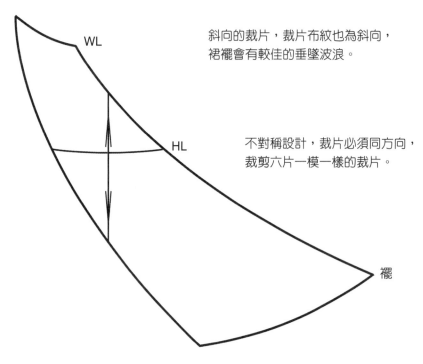

斜向的裁片，裁片布紋也為斜向，
裙襬會有較佳的垂墜波浪。

不對稱設計，裁片必須同方向，
裁剪六片一模一樣的裁片。

WL

HL

襬

圖2-69　六片螺旋裙裁布版

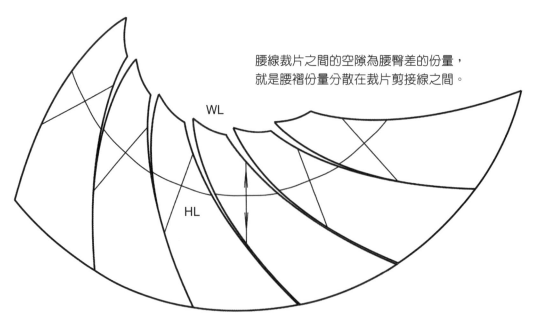

腰線裁片之間的空隙為腰臀差的份量，
就是腰褶份量分散在裁片剪接線之間。

WL

HL

圖2-70　六片螺旋裙裁片

二十、寬襬六片螺旋裙

　　利用紙型直接剪開、展開紙型份量，可改變服裝的設計與造形。例如在裙襬做切展線，將紙型展開增加襬圍的寬度，裙襬會呈現均衡的垂墜波浪（圖2-71）。

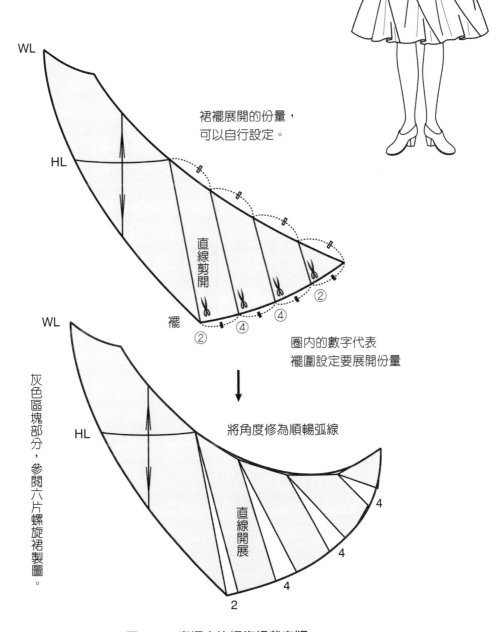

裙襬展開的份量，
可以自行設定。

WL

HL

直線剪開

襬

② ④ ④ ②

圈內的數字代表
襬圍設定要展開份量

WL

HL

直線開展

灰色區塊部分，參閱六片螺旋裙製圖。

將角度修為順暢弧線

4
4
4
2

圖2-71　寬襬六片螺旋裙裁布版

二十一、四片螺旋裙

　　將斜裙前後片版型的脇線合併，再依腰圍、臀圍、裙襬尺寸等份比例，畫出斜向環繞整件裙版的曲線（圖2-72）。裁片長度比六片螺旋裙拉長，剪接線斜向環繞的設計線條更明顯。左右不對稱設計款式服裝在裁剪時應注意布料正反面與裁片左右方向的相對應關係，要一片一片裁剪，不可以將布料折雙兩層布一起裁剪（圖2-73）。

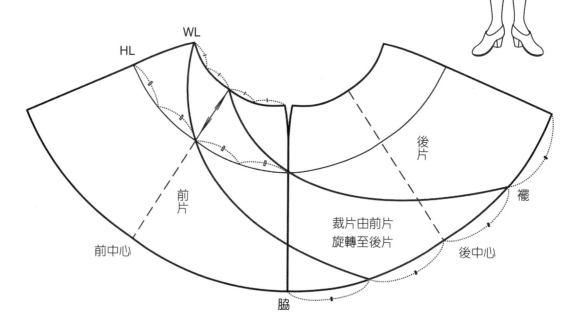

WL
HL
後片
襬
前片
裁片由前片
旋轉至後片
前中心
後中心
脇

圖2-72　四片螺旋裙版型

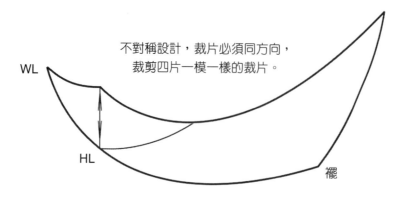

不對稱設計，裁片必須同方向，
裁剪四片一模一樣的裁片。

WL
HL
襬

圖2-73　四片螺旋裙裁布版

二十二、圓裙

　　裙子由一片圓形環狀的裁片構成，以腰圍尺寸畫一個圓周，直接穿掛於腰（圖2-74）。只有腰圍處合身，不用計算臀圍尺寸，後中心處開一條接縫線，製作開口套穿即可。

$$腰圍W＝圓周C＝2\pi r＝2 \times 3.14 \times r$$

$$半徑r＝\frac{圓周C}{2 \times 3.14}＝\frac{腰圍W}{6.28}＝\frac{腰圍W}{6}$$

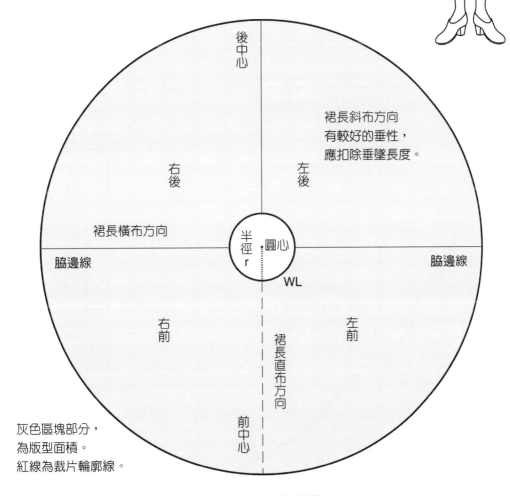

灰色區塊部分，
為版型面積。
紅線為裁片輪廓線。

圖2-74　圓裙的架構

基本製圖（圖2-75）

1. 打版尺寸：只需腰圍與裙長尺寸，根據腰圍尺寸以計算圓周的公式倒推出製圖所需要的半徑尺寸。也可直接以簡易「腰圍W ÷ 6」的公式為半徑尺寸繪圖，再核對腰圍尺寸。

2. 裙子裁片的前、後、左、右皆相同，製圖只需繪製四分之一即可。布幅寬時直接裁全圓，前後中心線為直布紋；布幅窄時裁成兩個半圓，前後中心線採橫布紋，左右脇線為直布紋。

3. 裙子裁片為圓形環狀，前後中心線與左右脇線為直、橫布紋，會有較佳的穩定性。裙片的斜布紋方向因為垂墜性，裙長會墜長，墜長尺寸視布料不同而有差異。應先將腰帶製作完成，穿著在人檯上修齊裙襬的長度後，再做裙襬的折邊車縫。

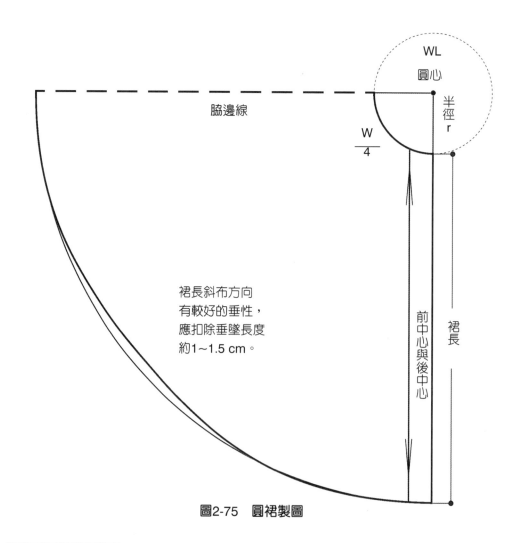

圖2-75　圓裙製圖

裙襬設計變化

使用圓裙的基本版型，裁剪時保留裁片的四角，自然垂墜形成不規則的裙襬線，可利用方巾設計（圖2-76）。若布寬不足，可在後中心、脇線與前中心裁開，成為前半與後半兩裁片或是左前、右前、左後與右後四裁片。

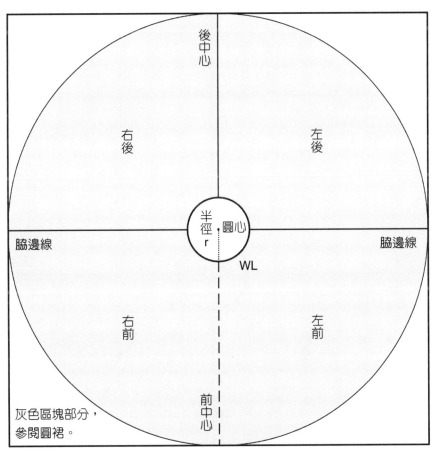

後中心

右後　　　　　　左後

半徑 r　圓心

脇邊線　　　　　　　　　脇邊線

WL

右前　　　　　　左前

灰色區塊部分，
參閱圓裙。

前中心

圖2-76　角型裙襬設計

設定前中心與後中心不同長度畫成橢圓裙的輪廓版型，形成前短後長的垂墜裙襬線（圖2-77），布寬不足時可做裁開線，以多片裙的裁剪方式做拼接縫合。禮服常用以「腰圍W÷9」的公式為半徑尺寸繪圖成為540°的一又二分之一圓，或以「腰圍W÷12」的公式為半徑尺寸繪圖成為720°的雙圓，使裙襬有更多的垂墜波浪褶。

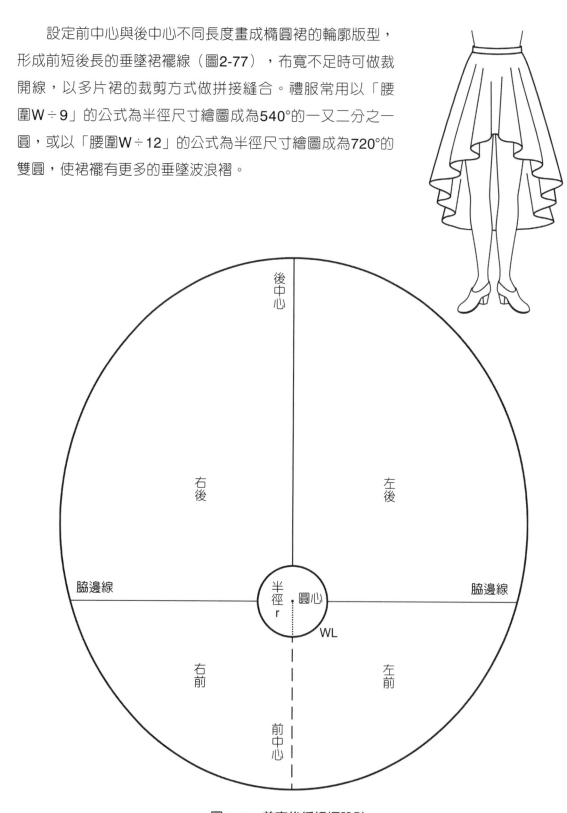

圖2-77　前高後低裙襬設計

二十三、半圓裙

　　裙子由一片半圓形環狀的裁片構成，以腰圍尺寸畫二分之一的圓周，直接穿掛於腰（圖2-78）。只有腰圍處合身，不用計算臀圍尺寸，後中心處開一條接縫線，製作拉鍊開口即可。

$$腰圍W = \frac{圓周C}{2} = \frac{2\pi r}{2} = 3.14 \times r$$

$$半徑r = \frac{圓周C}{3.14} \doteqdot \frac{腰圍W}{3}$$

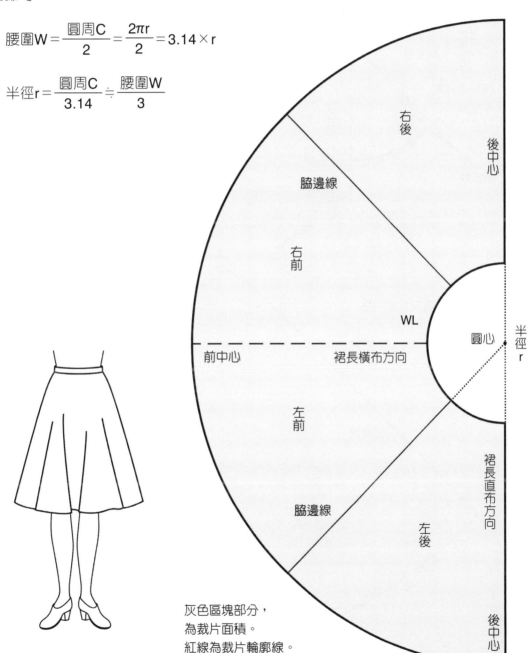

灰色區塊部分，
為裁片面積。
紅線為裁片輪廓線。

圖2-78　半圓裙的架構

基本製圖

　　打版尺寸只需腰圍與裙長尺寸，根據腰圍尺寸以計算圓周的公式，取半圓倒推出製圖所需要的半徑尺寸（圖2-79）。也可直接以簡易（腰圍W÷3）的公式為半徑尺寸繪圖，再核對腰圍尺寸，由脇邊線扣除多餘份量（圖2-80）。

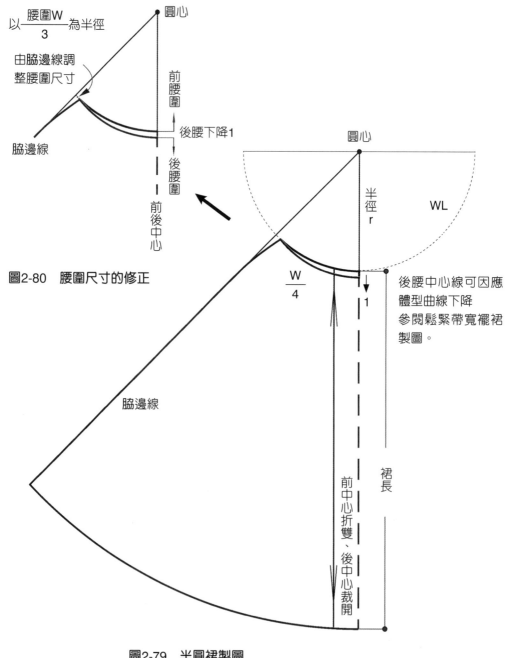

以 $\dfrac{腰圍W}{3}$ 為半徑

由脇邊線調整腰圍尺寸

脇邊線

圓心

前腰圍

後腰下降1

後腰圍

前後中心

圖2-80　腰圍尺寸的修正

圓心

半徑 r

WL

$\dfrac{W}{4}$

1

後腰中心線可因應
體型曲線下降
參閱鬆緊帶寬襬裙
製圖。

脇邊線

前中心折雙、後中心裁開

裙長

圖2-79　半圓裙製圖

半圓裙的裁剪（圖2-81）

1. 裁布時可直接裁半圓，後中心線為直布紋，只有後中心處開一條接縫線，製作拉鍊開口。若要節省用布量可倒插裁剪裁兩個扇形，前後中心線採斜布紋，左右脇邊線為直橫布紋，脇邊線剪開為接縫線，在左脇線製作拉鍊開口。
2. 斜裙、圓裙、半圓裙都是寬裙襬的裙型，直布紋的方向放置在身體的前後中心線或脇邊線，裙襬的垂墜波浪視覺效果呈現就不同。

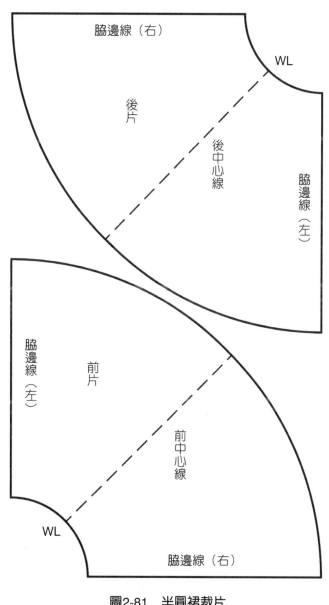

圖2-81　半圓裙裁片

二十四、裙襬版型變化設計

　　瞭解裙子基礎版型的製圖原理後，改變版型組合的方式就可以做版型的變化設計。

　　以窄裙的基本製圖為原型，使用相同的製圖、不同的版型處理方式，就可變化裙襬的褶線設計（圖2-82）。

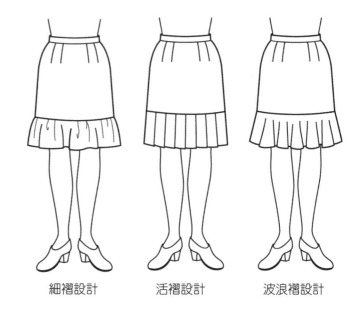

細褶設計　　　活褶設計　　　波浪褶設計

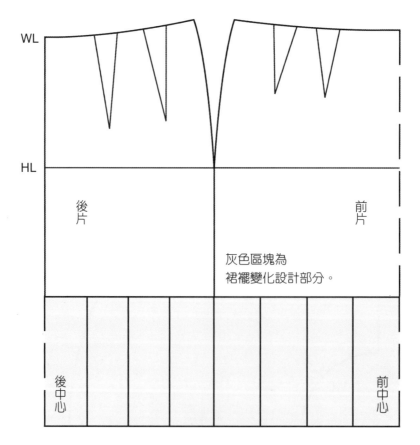

灰色區塊為
裙襬變化設計部分。

圖2-82　裙襬變化設計的基礎版型

款式一：裙襬細褶設計

　　與荷葉邊A字裙為相同的設計款式，使用窄裙的基本製圖為原型，就可呈現不同的輪廓線條。裙襬採細褶設計，細褶份量參考布料的厚度增加（參閱階層裙），不用版型直接裁剪成長方形（圖2-83）。

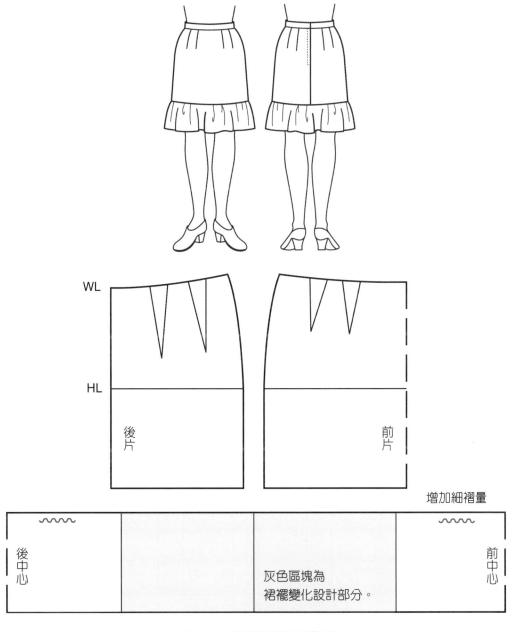

圖2-83　裙襬細褶設計版型

款式二：裙襬活褶設計

　　設計變化部分取等份將活褶平均分布圍繞於裙襬，活褶寬度為褶面寬度的兩倍是最佳狀態（參閱百褶裙，圖2-59），可不用版型直接裁剪成長方形（圖2-84）。

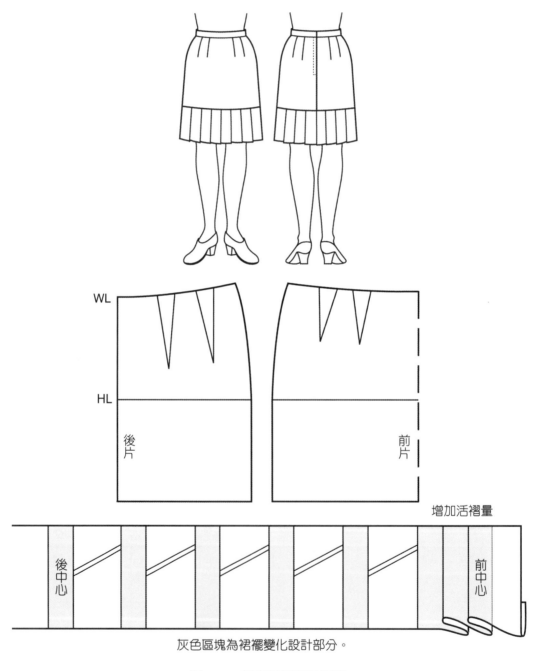

WL

HL

後片

前片

增加活褶量

後中心

前中心

灰色區塊為裙襬變化設計部分。

圖2-84　裙襬活褶設計版型

款式三：裙襬波浪褶設計

細褶與活褶設計都是使用長方形裁片，剪接線圍度尺寸與裙襬襬圍尺寸同步加寬，剪接線圍度處也有褶份。波浪褶設計在剪接線圍度處沒有褶份，只有裙襬襬圍尺寸加寬，因此裁片呈現扇形（圖2-85）。裙襬裁片的扇形弧度越大，所呈現的波浪褶越多（參閱斜裙，圖2-65）。

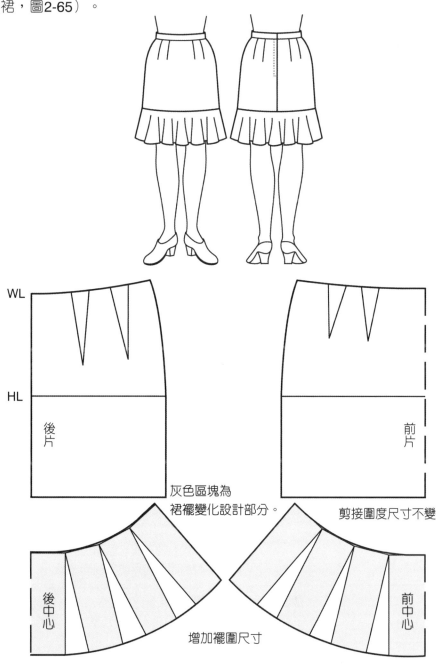

圖2-85　裙襬波浪褶設計版型

二十五、魚尾裙

在窄裙的尺寸與架構不變的設定下做曲線的剪接切割，剪接線的弧度與形狀依設計感取決（圖2-86）。裙襬做波浪褶開展，扇形的裁片最大可開展至全圓形（圖2-87）。

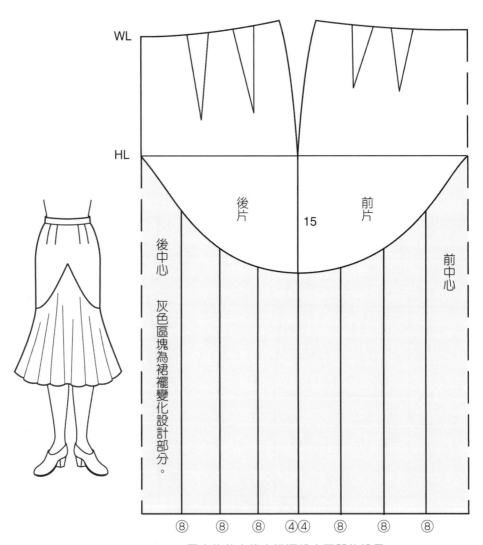

圈內的數字代表裙襬設定展開的份量，
可以依設計的圍度自行設定展開份量。

圖2-86　魚尾裙版型製作

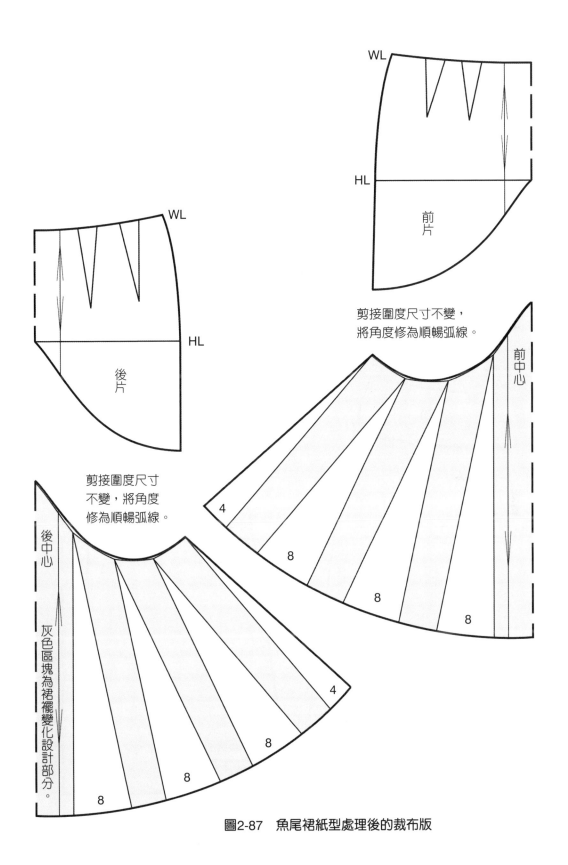

WL

HL

前片

剪接圍度尺寸不變,
將角度修為順暢弧線。

前中心

WL

後片

HL

剪接圍度尺寸
不變,將角度
修為順暢弧線。

後中心

灰色區塊為裙襬變化設計部分。

4

8

8

8

4

8

8

8

4

圖2-87　魚尾裙紙型處理後的裁布版

二十六、無腰帶橫向剪接A字裙

以A字裙的基本製圖為原型，從腰圍線向下畫剪接線，成為另裁橫向腰布（yoke）的設計款式（圖2-88）。腰布的褶份先在紙型上做合併，是將褶份利用裁剪線消除的方式，不需要車縫尖褶（圖2-89）。車縫時，要用與腰布相同形狀的貼邊處理腰圍縫份，不用製作長條型腰帶布。

Yoke（剪接布）：依合身設計線條所作剪接的小裁片，常出現於裙腰、牛仔褲後腰、男襯衫肩部。

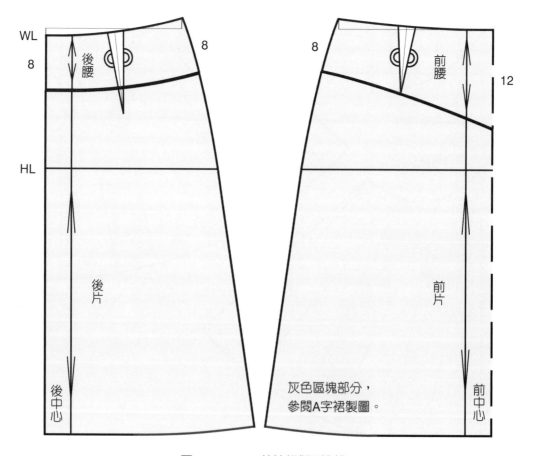

圖2-88　yoke剪接裙版型製作

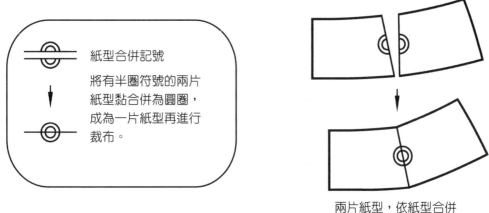

紙型合併記號

將有半圈符號的兩片
紙型黏合併為圓圈,
成為一片紙型再進行
裁布。

兩片紙型,依紙型合併
記號黏合成為一片紙型。

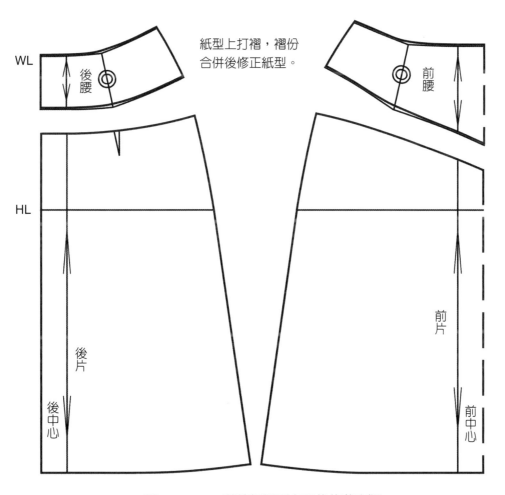

紙型上打褶,褶份
合併後修正紙型。

WL

後腰

HL

後片

後中心

前腰

前片

前中心

圖2-89 yoke剪接裙紙型處理後的裁布版

二十七、無腰帶直向剪接A字裙

「褶子轉移」是在紙型上直接將褶子折疊，但是褶子折疊後紙型就產生立體，立體的紙型不能裁布，裁布的版型一定要攤平。因此可依設計線位置做開口，才能將紙型攤平，例如：斜裙開口於下襬，無腰帶橫向剪接A字裙開口於剪接線。褶子是衣服立體所必須，不可以消除，只能利用褶子轉移來改變褶子的方向與設計線，斜裙是將腰褶份轉移至裙襬（圖2-65），無腰帶橫向剪接A字裙是將腰褶份轉移至Yoke剪接線（圖2-89）。

Yoke剪接設計的無腰帶橫向剪接A字裙腰褶份在紙型上做合併，褶份由腰圍轉移至剪接線，將無腰帶A字裙的裁布版合併，就可以了解直向的腰褶份轉移成為橫向剪接線的狀態（圖2-90）。腰褶份雖然轉向，但褶尖所指向的身體凸面仍為相同位置，裙子的剪接線縫合後與車縫尖褶時呈現一樣的立體狀態。

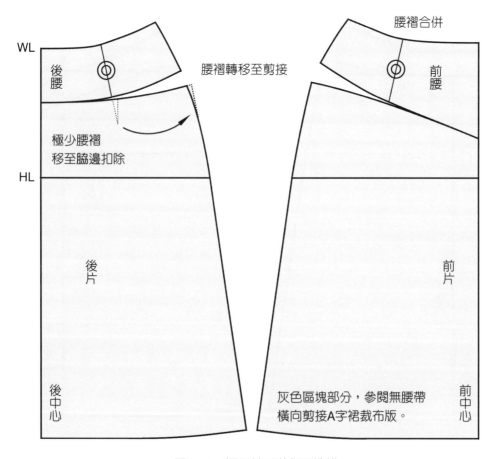

圖2-90　褶子轉移的版型製作

在不影響衣服立體化的前提下，也就是不影響褶子尺寸與走向的前提下，衣服的剪接線就可以隨意切割，例如螺旋裙（圖2-68）。

無腰帶A字裙的腰褶份轉移後，將橫向的剪接線改成直向的剪接線，設計線條就完全改變（圖2-91、圖2-92）。前後片與前後脇片可再做色彩與材質的搭配變化。

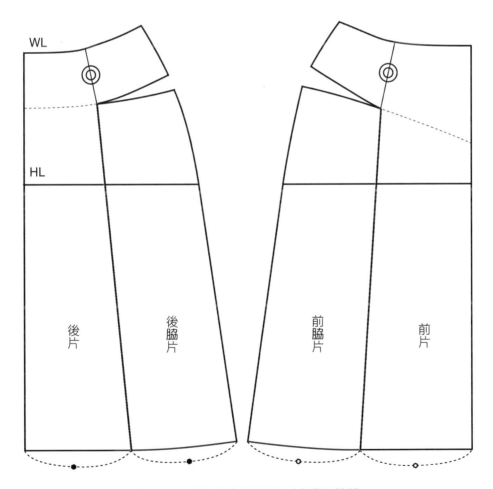

圖2-91　直向剪接線設計A字裙版型製作

後中拉鍊開口

後中心做穿著的開口，因為是直布紋又位於身體的直線平面，容易車縫拉鍊。但是後片要裁開在中心做接縫，設計上須考量接縫線與直向的剪接線對應位置。

左脇拉鍊開口

左脇側做穿著的開口，因為位於身體的曲線弧面，車縫拉鍊時要能順應弧度且不能變形。後中心線直接折雙裁剪，設計上前後片直向剪接線相同，視覺較為簡潔。

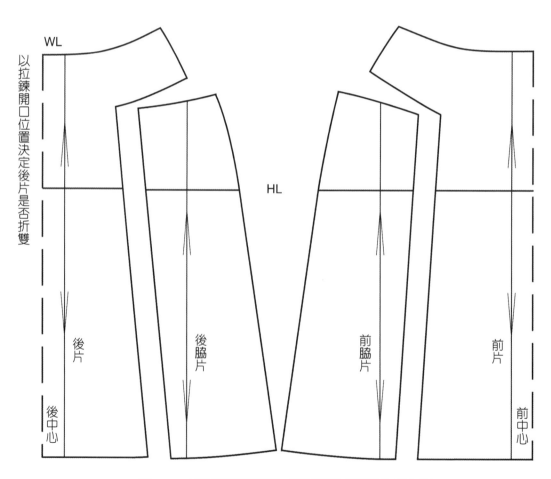

以拉鍊開口位置決定後片是否折雙

WL

HL

後片

後脇片

前脇片

前片

後中心

前中心

圖2-92 直向剪接線設計A字裙紙型處理後的裁布版

二十八、無腰帶Ａ字裙版型變化設計

款式一：雙向箱褶設計（圖2-93）

左脇做穿著的開口，
前後裙片設計線相同。

後中心做穿著的開口，接
縫線與褶線顯得凌亂。

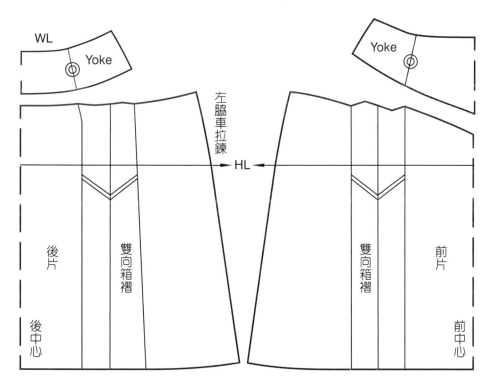

圖2-93　雙向箱褶設計版型

款式二：活褶設計 （圖2-94）

後中心做穿著的開口，
直紋方向容易車縫拉鍊。

左脇做穿著的開口，前
後裙片設計線相同。

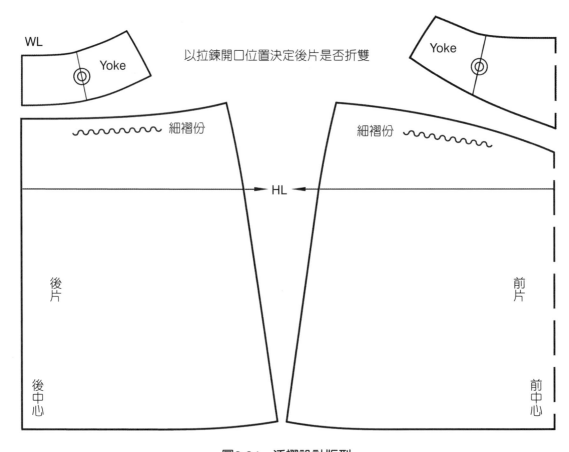

圖2-94　活褶設計版型

款式三：波浪褶設計（圖2-95）

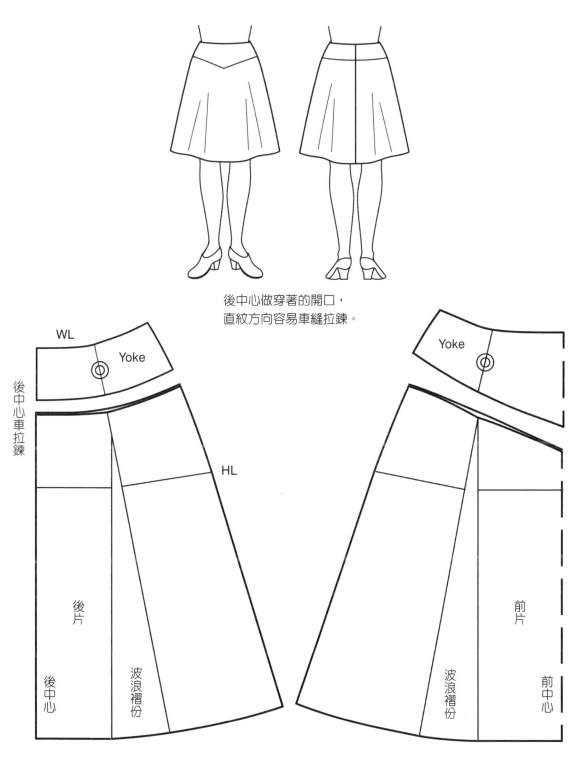

後中心做穿著的開口，
直紋方向容易車縫拉鍊。

WL

Yoke

Yoke

後中心車拉鍊

HL

後片

前片

後中心

波浪褶份

波浪褶份

前中心

圖2-95　波浪褶設計版型

二十九、寬鬆式斜裙簡易製圖

寬鬆式的裙子因為臀圍處鬆份多，打版時不需要計算臀圍尺寸，直接計算腰圍尺寸即可（圖2-96）。

斜裙的脇邊裙長處為斜布紋，裙子兩側有較佳的垂墜性，製作完成腰帶後，再視布料的墜長狀況自下襬修剪使襬圍呈現水平。

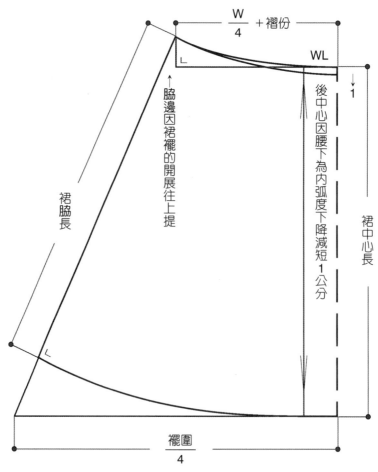

圖2-96　斜裙簡易製圖

相同的腰圍尺寸，利用提高脅側的弧度，就可以增加裙襬的寬度（圖2-97）。提高的尺寸越大、裙襬越寬，製圖原理就如同半圓裙與圓裙。

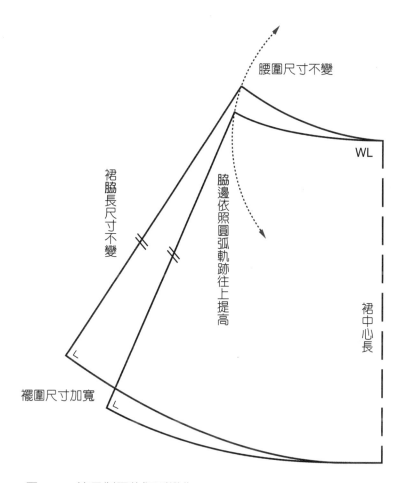

圖2-97　簡易製圖的版型變化

腰圍尺寸所加的褶份，細褶或活褶的設計都是相同的版型，只是製圖符號標示不同（圖2-98）（可參閱裙子版型變化設計）。

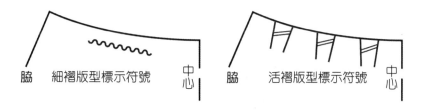

圖2-98　裙腰褶製圖符號的呈現方式

三十、氣球裙

服裝設計款式越寬鬆，要求合身度的必要尺寸就越少。打版時不需刻意計算尺寸，只要相接縫合的線必須等長，以幾何的裁片就可以做出設計變化（可參閱多片裙，圖2-52）。

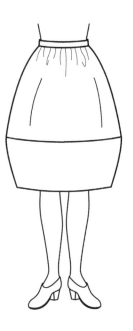

幾何裁片造型

以寬鬆式斜裙的基本製圖為原型，作橫向的剪接線。剪接線弧度水平對稱，成為相反方向的扇形裁片，相接縫合成為凸出曲面，剪接線的位置就是裙形球面的曲度的最高處（圖2-99）。

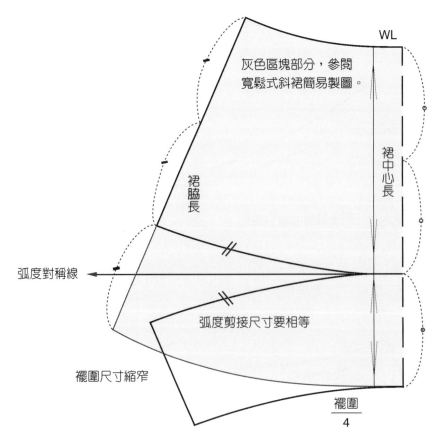

圖2-99　單層氣球裙版型

兩層裁片造型

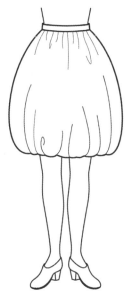

以樽形裙的版型（圖2-63）為裡層，以寬鬆式斜裙的版型（圖2-96）為表層，兩層裁片的腰線取相同尺寸，利用裙襬長度與寬度的落差縫合成為凸出曲面（圖2-100）。裙形球面的曲度最高處位於裙襬，兩層裁片的裙襬寬度尺寸差數越大，裙形球面越立體。

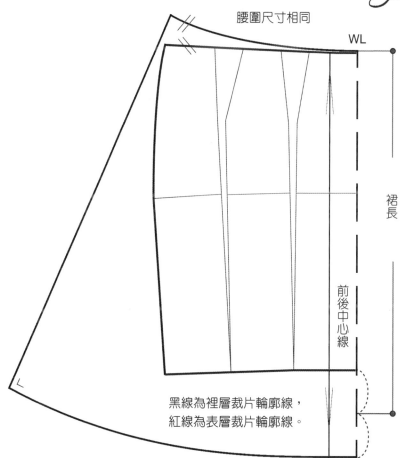

腰圍尺寸相同

WL

裙長

前後中心線

黑線為裡層裁片輪廓線，
紅線為表層裁片輪廓線。

利用襬圍尺寸差將斜裙襬縮出膨度

圖2-100　雙層氣球裙版型

3

褲子版型結構

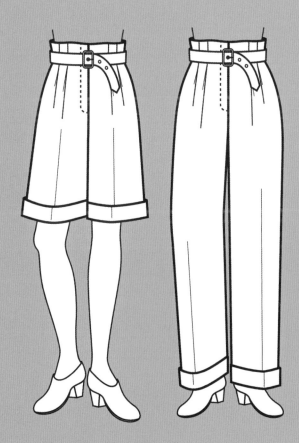

褲與裙同屬下半身服裝，在結構上裙子以人體下半身為整體思考，褲子為兩腿分離的組合。褲子以兩個褲管分別包覆兩腿，在身軀與大腿分界的胯下部位以襠相連（圖3-1）。從腰圍到臀圍和裙子結構相似，從臀圍到褲襠底要加出包覆大腿圍度的份量。因應日常活動前屈身、彎腰等大動作，後腰中心到褲襠底需加長尺寸。

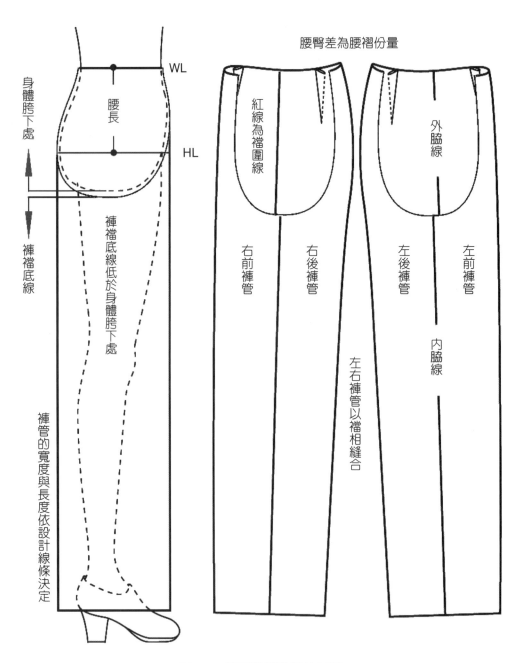

圖3-1　褲子結構的部位名稱

襠圍：從前腰中心跨過兩腿之間量到後腰中心的圍度尺寸，也是兩個褲管車縫相連部位。褲子打版時不需用到襠圍尺寸，襠圍尺寸為褲版型是否合身的檢查尺寸，褲子的襠圍尺寸應大於人體的襠圍尺寸，打版時襠圍尺寸可經由調整股上長尺寸與襠的寬度來改變（圖3-2）。

　　股上持出份：臀圍到股上線所加出的襠寬度，為包覆兩腿的襠圍尺寸。

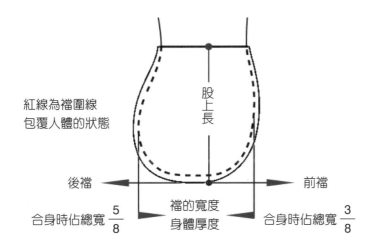

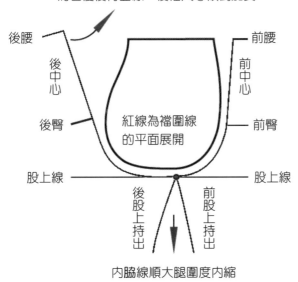

圖3-2　褲子結構與人體的關係

褲與裙從腰圍到臀圍之間的腰臀差、褶的位置是相同的，以窄裙的基本製圖為基礎，加出臀圍到褲襠底的襠寬度（股上持出份），就可以了解裙版與褲版的差異（圖3-3）。

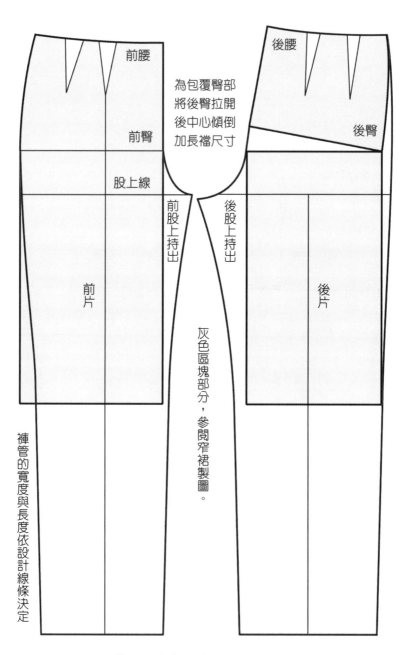

前腰

後腰

為包覆臀部
將後臀拉開
後中心傾倒
加長襠尺寸

前臀

後臀

股上線

前股上持出

後股上持出

前片

後片

灰色區塊部分，參閱窄裙製圖。

褲管的寬度與長度依設計線條決定

圖3-3　褲版型與裙版型的差異

一、直襬褲裙

　　褲裙是以裙子的外觀輪廓加出包覆大腿圍度的
部分，在結構上以裙子為原型，在身體胯下處加出
股上持出份量成為褲管（圖3-4）。

　　以股上長尺寸取出腰圍至股上線的高度距離，
也就是褲襠底的位置。褲裙的褲管比褲子寬大，以
臀圍比例取股上持出份，因為後片要包覆臀部，所
以後股上持出份大於前股上持出份。

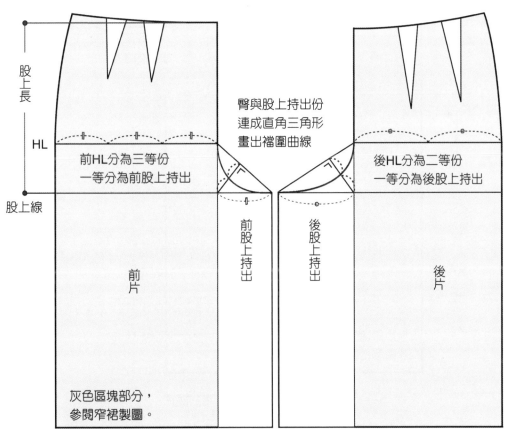

從裙中心線加出股上持出份

圖3-4　直襬褲裙版型

股上長尺寸與股上持出份量的改變，影響大腿圍度與襠圍尺寸。寬鬆型態的褲裙襠圍與身體胯下處有較大的空隙空間，可以加長股上長尺寸與加寬股上持出份使襠圍變大，穿著時不會呈現像褲子緊包臀部的狀態。

大腿處的褲管寬度要加減時，以調整股上持出份量為主。就體型而言：體型圓胖、大腿粗的人，股上持出份量要大；體型扁瘦、大腿細的人，股上持出份量可小（圖3-5）。

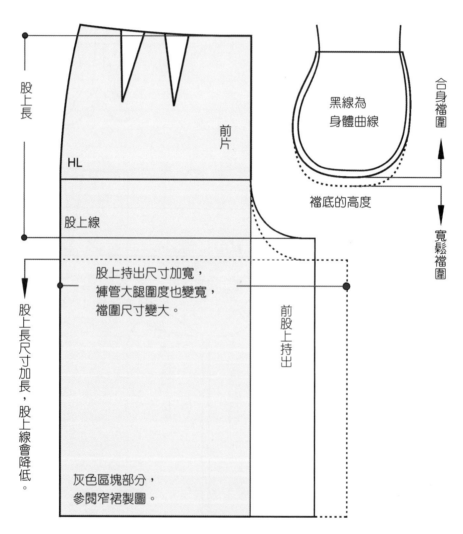

圖3-5 褲裙結構與人體的關係

以尺寸打版的製圖法（圖3-6、圖3-7）

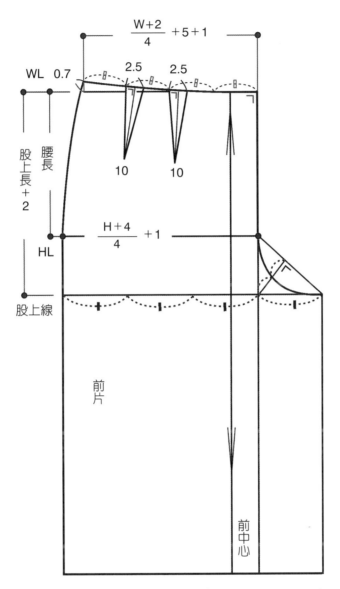

$$\frac{W+2}{4}+5+1$$

WL　0.7

2.5　　2.5

股上長＋2　腰長

10　　10

HL

$$\frac{H+4}{4}+1$$

股上線

前片

前中心

圖3-6　褲裙前片製圖

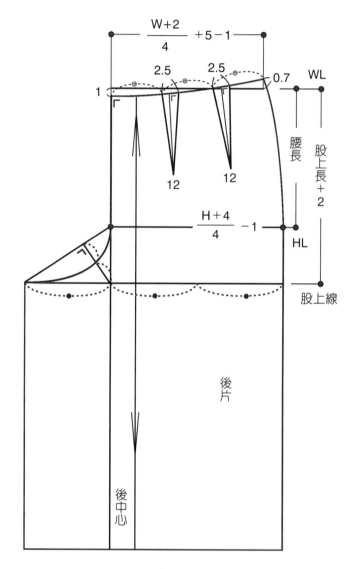

圖3-7　褲裙後片製圖

二、A襬褲裙

寬襬的褲裙如同A字裙在裙襬作斜向的展開，為使裙襬垂墜外觀呈現均衡的狀態，內脇線也相對取斜線（圖3-8、圖3-9）。

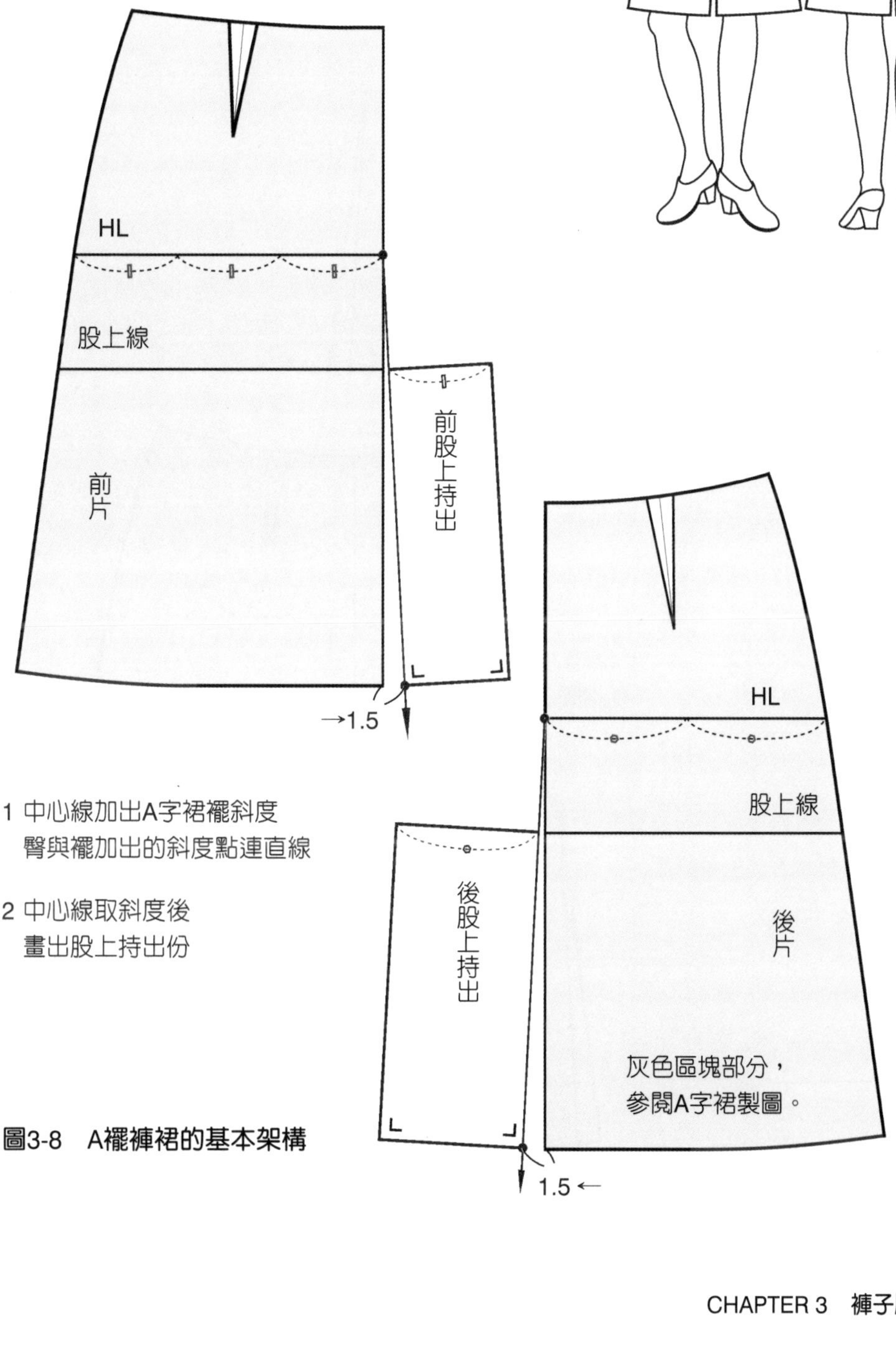

HL

股上線

前片

前股上持出

→1.5

1 中心線加出A字裙襬斜度
　臀與襬加出的斜度點連直線

2 中心線取斜度後
　畫出股上持出份

圖3-8　A襬褲裙的基本架構

HL

股上線

後股上持出

後片

灰色區塊部分，
參閱A字裙製圖。

1.5 ←

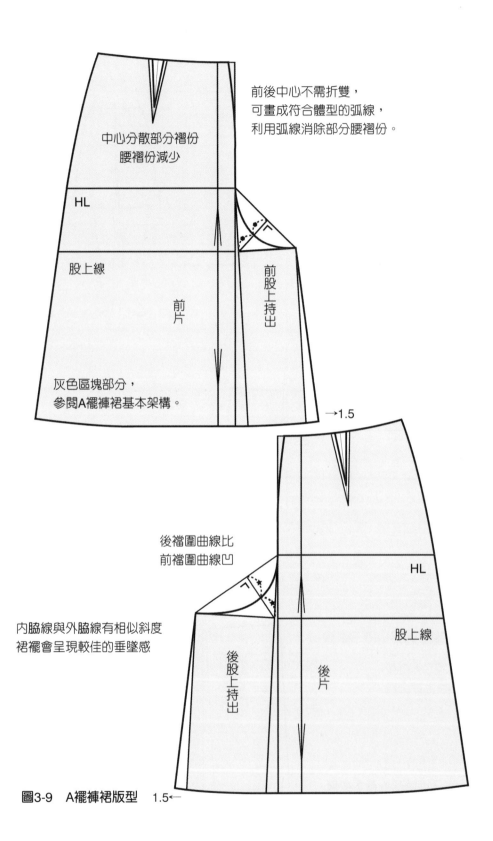

前後中心不需折雙，
可畫成符合體型的弧線，
利用弧線消除部分腰褶份。

中心分散部分褶份
腰褶份減少

HL

股上線

前片

前股上持出

灰色區塊部分，
參閱A襬褲裙基本架構。

→1.5

後襠圍曲線比
前襠圍曲線凹

HL

股上線

內脇線與外脇線有相似斜度
裙襬會呈現較佳的垂墜感

後股上持出

後片

圖3-9　A襬褲裙版型　　1.5←

以尺寸打版的製圖法（圖3-10、圖3-11）

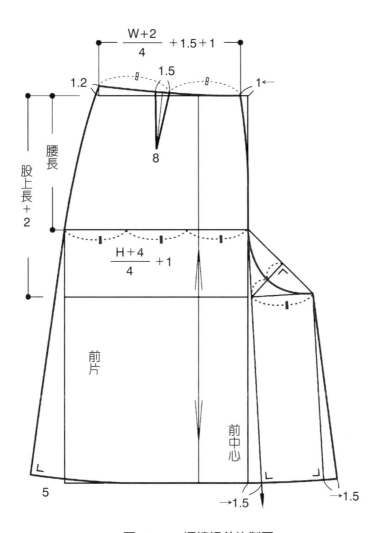

圖3-10　A襬褲裙前片製圖

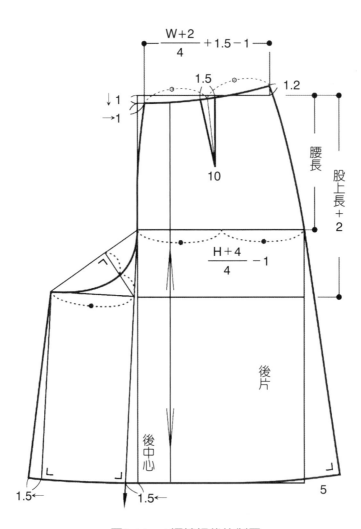

圖3-11　A襬褲裙後片製圖

三、裙褲

　　款式外觀與裙子相同，穿著時看不出褲管，活動更為方便。版型以裙子的結構加畫出股上線與褲襠的結構，裙版都可以應用這個方法改成裙褲版（圖3-12）。依照腰長尺寸與股上尺寸約為2：3比例，找出股上長對應位置加出股上持出份。

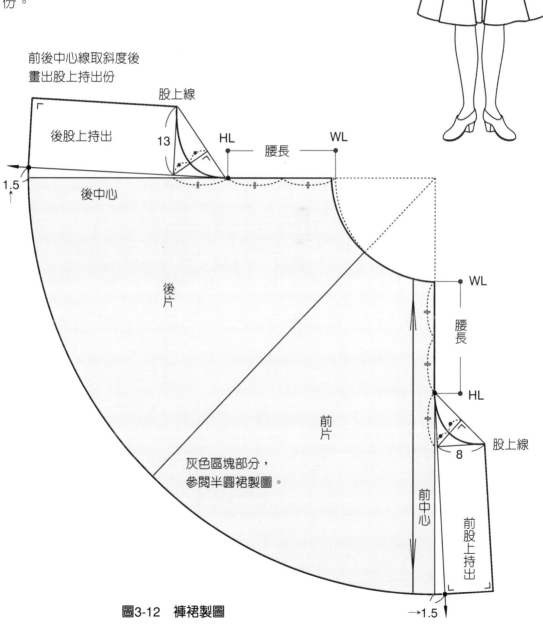

前後中心線取斜度後
畫出股上持出份

股上線

後股上持出　13　HL　腰長　WL

1.5

後中心

後片

WL

腰長

前片

HL

灰色區塊部分，
參閱半圓裙製圖。

股上線

8

前中心

前股上持出

→1.5

圖3-12　褲裙製圖

四、寬鬆式褲裙簡易製圖

活褶裙的版型是藉由原型在臀圍尺寸上拉展大量的褶份（參閱褶裙，圖2-46），打版時可直接在腰圍尺寸公式與臀圍尺寸公式加入活褶份量，會比套入原型製圖更為快速簡易（圖3-13、圖3-14）。此款褲裙版型設計前片做活褶、後片做尖褶，腰圍尺寸公式直接帶入不同的褶份量，臀圍尺寸公式也加入不同的鬆份量，整體造型前大於後，因此沒有加入前後差。

褶的位置、股上持出份量、襠圍曲線彎度都直接畫取固定尺寸，固定尺寸是依據標準比例而來，也就是說這個尺寸適用於大部分的人。在簡易製圖中給予固定尺寸可以讓初學者容易繪圖，但是固定尺寸無法適用於各種體型，還是可以依照不同的體型比例做改變。

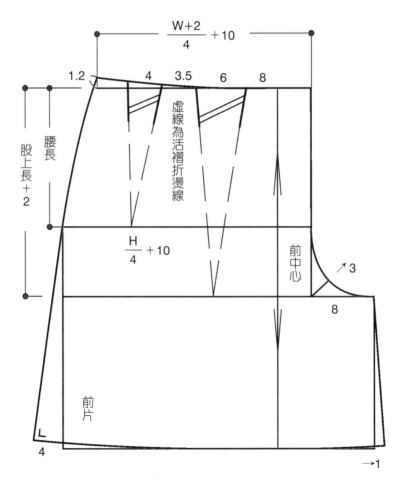

圖3-13　褲裙前片簡易製圖

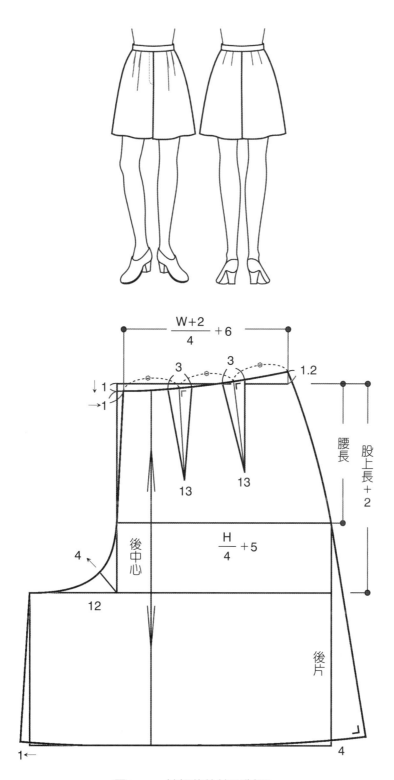

圖3-14　褲裙後片簡易製圖

五、鬆緊帶及膝褲

腰部以鬆緊帶處理的款式，直接套穿的褲腰必須拉過身體臀圍，因此製圖直接用臀圍尺寸與股上長尺寸帶入公式（圖3-15）。

臀圍所加鬆份依設計款式、材質與個人穿著的習慣決定，可以前後裁片加入不同的鬆份。股上長尺寸依襠圍的尺寸與高度決定是否向下加長，向下加長尺寸愈多，襠圍愈大、愈低。

臀圍公式以「$\dfrac{H+鬆份}{4}$」是標示整件褲子的臀圍鬆份量，以「$\dfrac{H}{4}+鬆份$」的標示法則為前後裁片臀圍各有不同鬆份量。

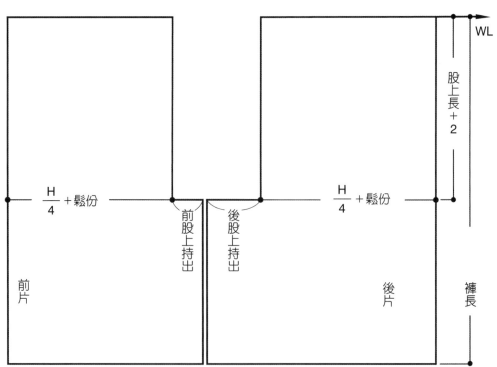

圖3-15　及膝褲的基本架構

這款褲型常作為居家褲、休閒褲、海灘褲，褲子所取的鬆份較多，細部尺寸直接給予固定尺寸，製圖也相對簡單（圖3-16）。很多這類簡易製圖的版型會有過於寬鬆、穿著比例不佳的情況，打版時應確實了解版型的鬆份與每個尺寸對照成品尺寸的影響。以下圖為例：

1. 半件褲版的臀圍鬆份是7.5 cm（前臀3 cm＋後臀4.5 cm），整件褲版的臀圍鬆份是15 cm，若習慣穿著合身款式應再減少鬆份。

2. 股上持出份是12.5 cm（前持出4 cm＋後持出8.5 cm），圓身體型應再增加。

3. 褲口尺寸內縮10 cm（前褲口4 cm＋後褲口6 cm），若要直筒褲型可取直線。

4. 後中心傾倒份3.5 cm、後腰提高2 cm，可核對自己的襠圍尺寸調整。

5. 鬆緊帶寬度設定3 cm，可依實際使用的鬆緊帶寬度更改。前襠曲線彎度2.5 cm、後襠曲線彎度2 cm，也可依襠圍曲線的順暢度修改。

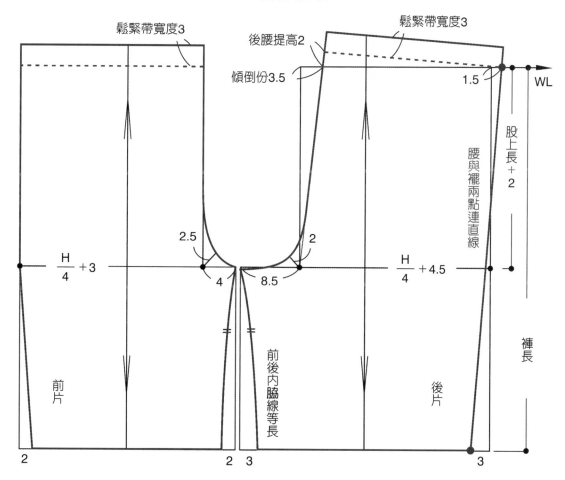

圖3-16　及膝褲簡易製圖

褲子因為有凸出的股上持出份，裁布時以倒插的方式排布比較省布。脇線為斜線時，須考量腰圍與褲襬縫份折回的狀態，以完成線為對稱軸裁剪，留出斜線折回所需的份量（圖3-17）。

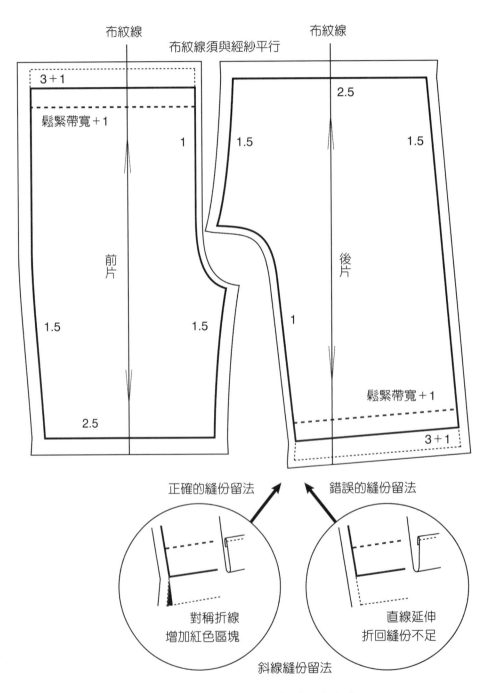

圖3-17　及膝褲以虛版倒插排布的方法

六、直筒褲

　　直筒褲為褲子設計款式的基本型，是臀圍線以上合身、臀圍線以下褲管呈現直線型的褲型。褲子版型是以前片架構做為後片的基礎，應先畫出前片基本架構（圖3-18、圖3-19）。

製圖順序1→前片基本架構線

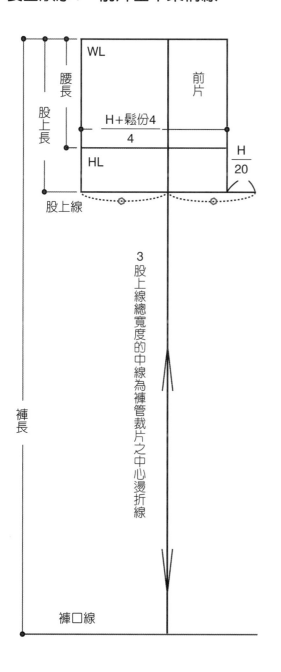

1 以股上長與臀圍公式
　畫出股上區塊

　H鬆份依設計款式決定
　合身款加基本活動量，
　寬鬆款再加活褶份量。

2 前股上持出份取
　臀圍比例為參考數據

　參考數據僅為一般標準比例，
　股上持出份量還是需依個人
　襠圍尺寸與大腿圍度調整。

圖3-18　褲子的基本架構

製圖順序2→後片基本架構線

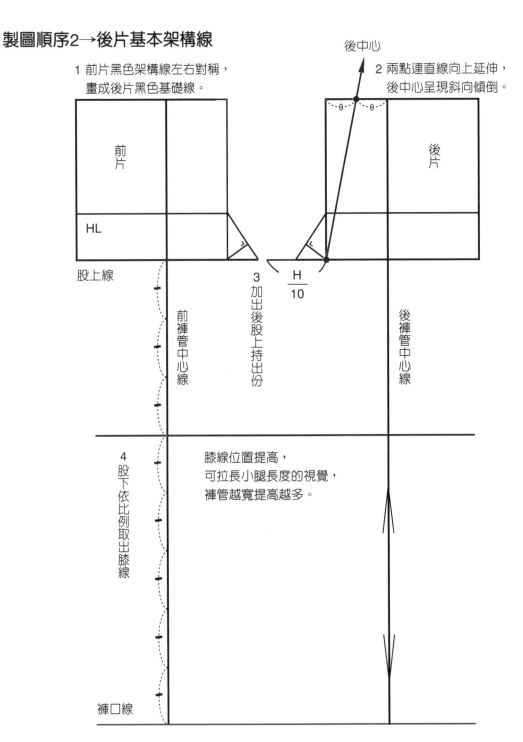

1 前片黑色架構線左右對稱，
  畫成後片黑色基礎線。

2 兩點連直線向上延伸，
  後中心呈現斜向傾倒。

後中心

θ — θ

前片

後片

HL

股上線

$\dfrac{H}{10}$

3 加出後股上持出份

前褲管中心線

後褲管中心線

4 股下依比例取出膝線

膝線位置提高，
可拉長小腿長度的視覺，
褲管越寬提高越多。

褲口線

圖3-19　褲子後片架構參照前片繪製

製圖順序3→前片腰圍弧度與尺寸（圖3-20）

　　褲子的圍度尺寸依鬆份、褶份量與款式考量，前後片所加份量可以不同，因此直接調整脇線位置，不考慮前後差。

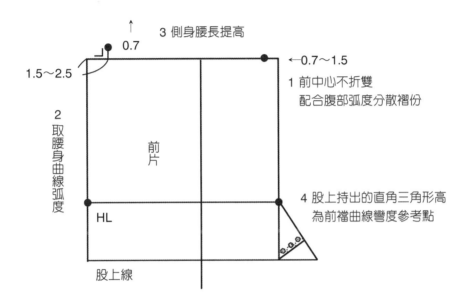

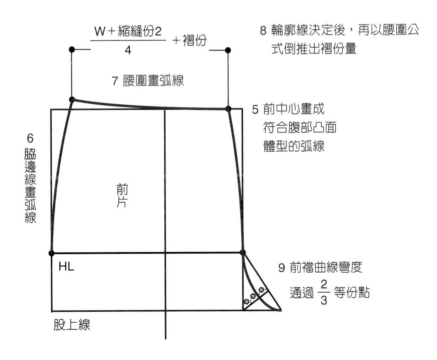

圖3-20　前褲腰輪廓線的畫法

製圖順序4→後片腰圍弧度與尺寸（圖3-21）

後中傾倒份：為包覆後臀部曲線與加長後襠尺寸，褲子後中心需傾斜，傾倒的份量需視體型、款式、材質與活動機能要求取決。寬鬆褲型傾倒份量少、後襠尺寸直短；合身褲型傾倒份量多、後襠尺寸斜長。

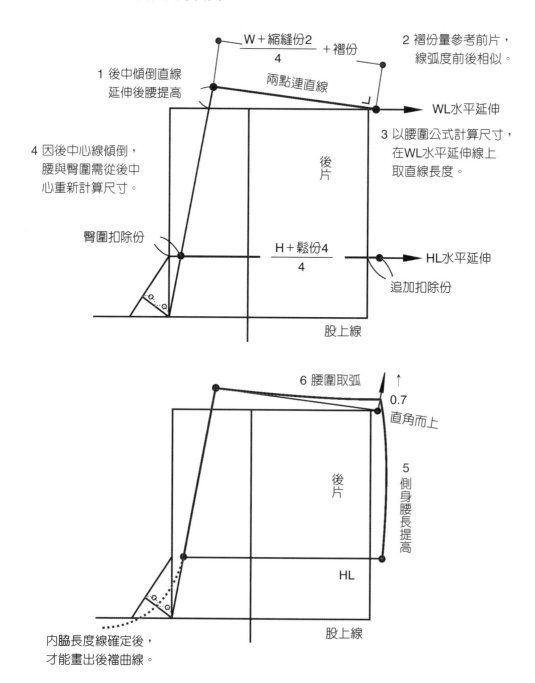

圖3-21　後褲腰輪廓線的畫法

製圖順序5→輪廓線條（圖3-22）

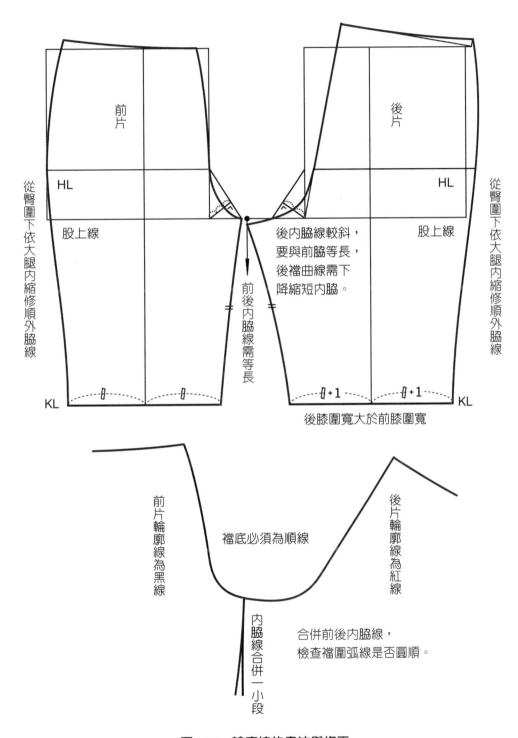

從臀圍下依大腿內縮修順外脇線

前片

HL

股上線

KL

前後內脇線需等長

後內脇線較斜，
要與前脇等長，
後襠曲線需下
降縮短內脇。

後片

HL

股上線

後膝圍寬大於前膝圍寬

從臀圍下依大腿內縮修順外脇線

KL

前片輪廓線為黑線

襠底必須為順線

後片輪廓線為紅線

內脇線合併一小段

合併前後內脇線，
檢查襠圍弧線是否圓順。

圖3-22　輪廓線的畫法與修正

製圖順序6→褶子位置分配

　　腰臀差數決定腰褶的份量（參閱窄裙），褶子數會因體型不同而改變，可能前後都單褶，也可能前單褶、後雙褶，或前雙褶、後單褶，亦或是前後都雙褶。不論褶數多少，位置都依體型以前褶偏脇、後褶均分為褶子位置依據（圖3-23、圖3-24）。

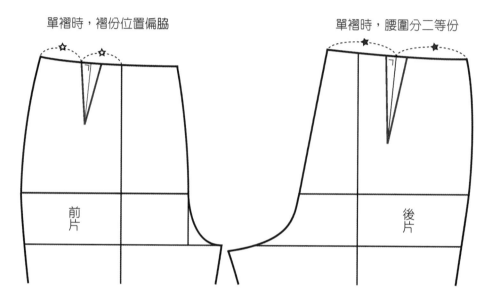

圖3-23　單褶的位置分配

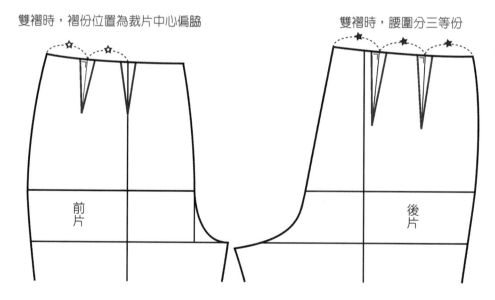

圖3-24　雙褶的位置分配

尺規線段的取法（圖3-25、圖3-26）

對應身體部位的曲面畫取弧線，弧線與直線相接均需順暢無轉折角度，且弧線的彎度不可超過製圖時設定的點。

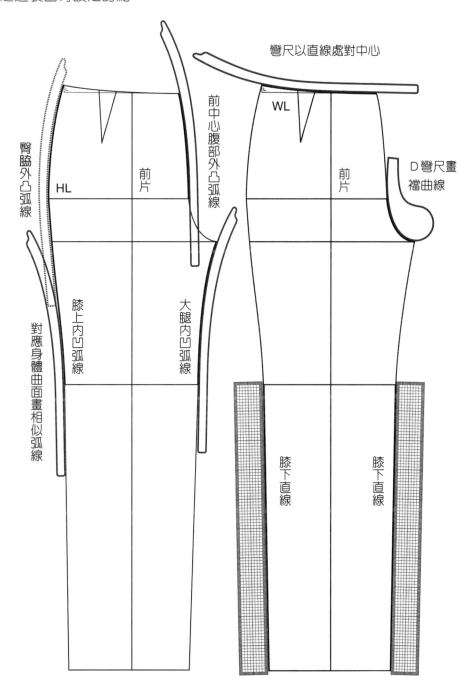

圖3-25　前片使用尺規畫線的方式

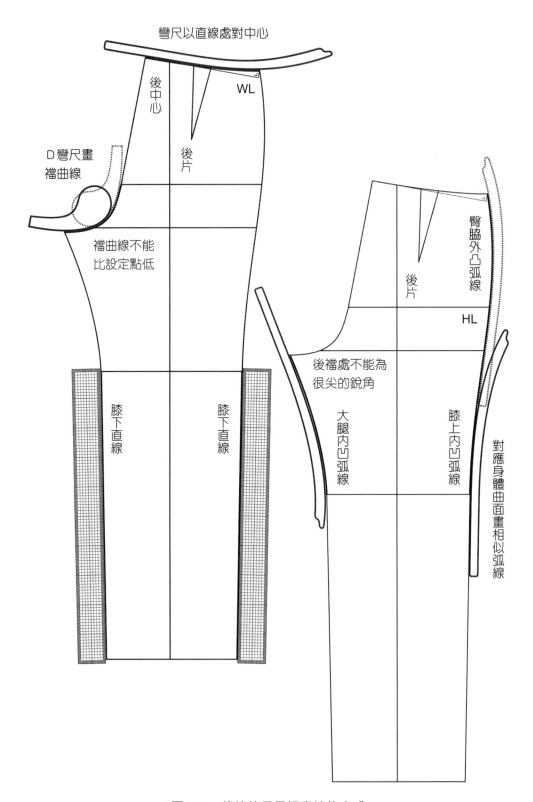

彎尺以直線處對中心

後中心

WL

D彎尺畫
襠曲線

後片

襠曲線不能
比設定點低

膝下直線

膝下直線

臀脇外凸弧線

後片

HL

後襠處不能為
很尖的銳角

大腿內凹弧線

膝上內凹弧線

對應身體曲面畫相似弧線

圖3-26　後片使用尺規畫線的方式

基本製圖（圖3-27）

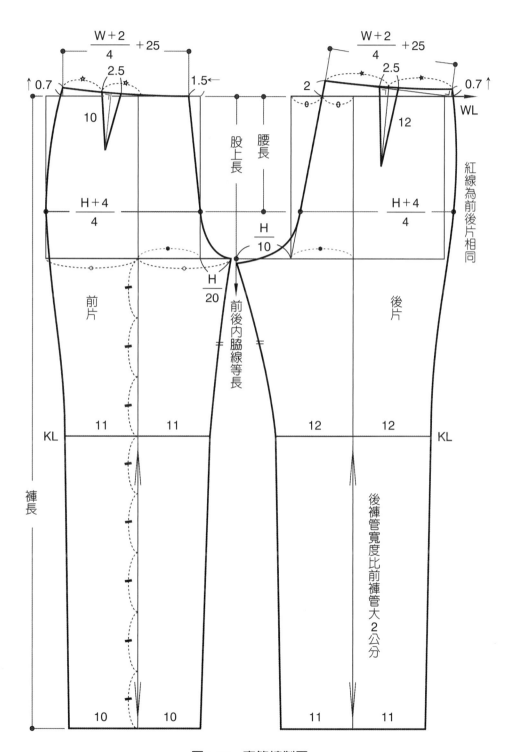

圖3-27　直筒褲製圖

直筒褲的倒插裁剪（圖3-28）

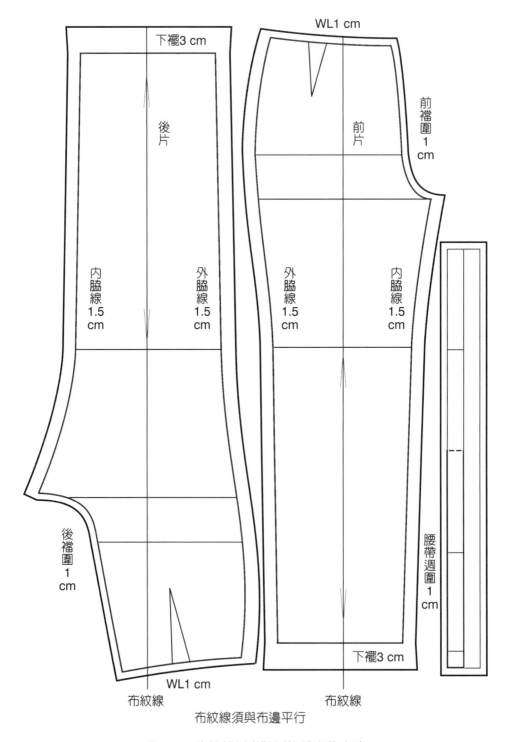

布紋線須與布邊平行

圖3-28　直筒褲以虛版倒插排布的方法

褲子拉鍊貼邊的裁剪（圖3-29）

　　褲子的拉鍊在正面有條很寬的裝飾線，因此反面內側要有足夠車線寬度的貼邊布，貼邊布的裁剪方式依前中心線條而有不同。褲子前中心線依腹部曲線畫弧，貼邊布需另外裁剪；褲子前中心線若畫直線，可直接留出貼邊布折回，減少因為接縫產生的厚度。

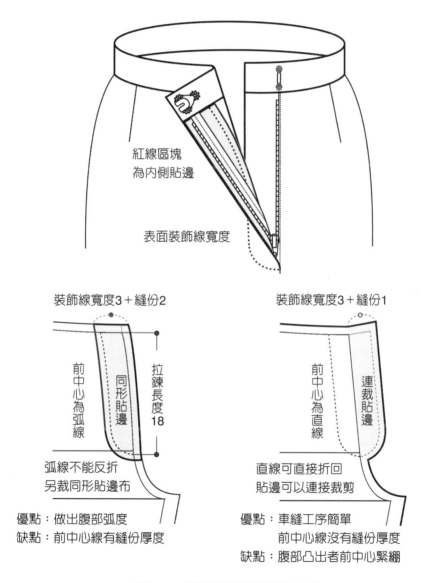

裝飾線寬度3＋縫份2　　　　　　　　　裝飾線寬度3＋縫份1

前中心為弧線　同形貼邊　拉鍊長度18

弧線不能反折
另裁同形貼邊布

優點：做出腹部弧度
缺點：前中心線有縫份厚度

前中心為直線　連裁貼邊

直線可直接折回
貼邊可以連接裁剪

優點：車縫工序簡單
　　　前中心線沒有縫份厚度
缺點：腹部凸出者前中心緊繃

紅線區塊
為內側貼邊

表面裝飾線寬度

圖3-29　褲子拉鍊貼邊裁剪方式

褲子拉鍊擋布的裁剪（圖3-30）

　　拉鍊擋布：褲子拉鍊開口處交疊於腰帶重疊持出份下方的拉鍊墊布，拉鏈拉開時可以看見擋在拉鍊下方的墊布，不會直接看到內褲。與裙子腰帶重疊持出份凸出的作法不一樣，腰帶重疊持出份與拉鏈擋布為直線對齊。

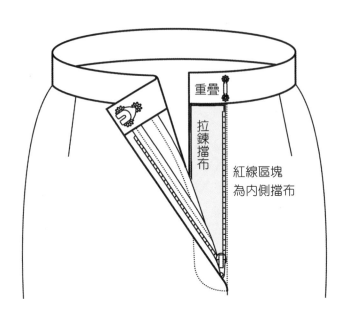

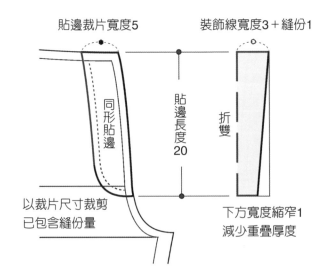

圖3-30　褲子拉鍊擋布裁剪方式

七、褲長變化 (圖3-31、圖3-32)

褲子長度依設計款式與穿著者需求決定,合身褲型之膝圍與褲口尺寸後片都比前片大,窄版的迷你短褲褲口寬尺寸應考量大腿圍尺寸;窄版的及膝五分長褲褲口寬尺寸應考量膝圍尺寸。

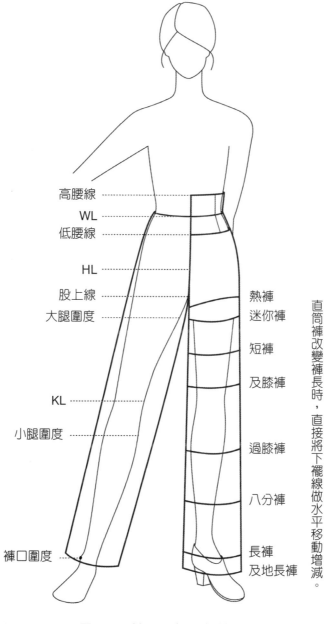

圖3-31　褲子長度設計變化

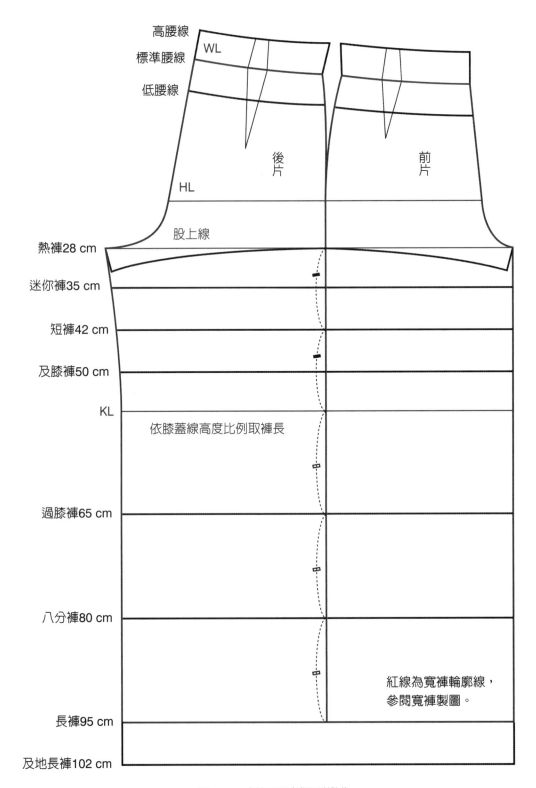

高腰線

標準腰線

低腰線

WL

後片

前片

HL

股上線

熱褲28 cm

迷你褲35 cm

短褲42 cm

及膝褲50 cm

KL

依膝蓋線高度比例取褲長

過膝褲65 cm

八分褲80 cm

紅線為寬褲輪廓線，
參閱寬褲製圖。

長褲95 cm

及地長褲102 cm

圖3-32　褲子長度版型變化

八、寬褲

使用直筒褲的基本製圖為原型，將褲管寬度從股上寬度垂直而下，成為寬鬆適合休閒或運動的褲型（圖3-33）。

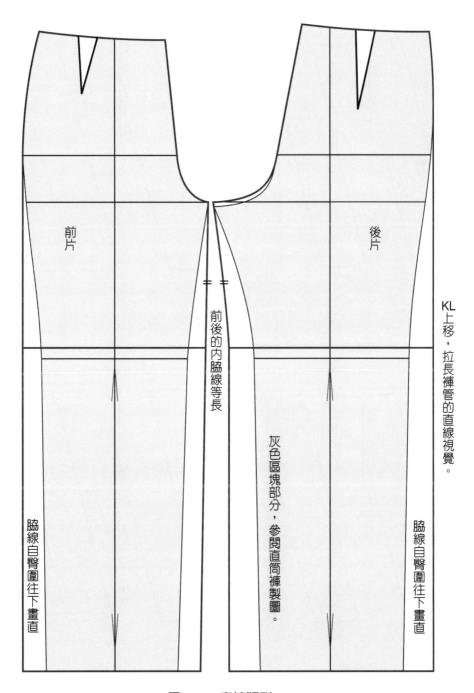

圖3-33　寬褲版型

前片

後片

前後的內脇線等長

灰色區塊部分，參閱直筒褲製圖。

KL上移，拉長褲管的直線視覺。

脇線自臀圍往下畫直

脇線自臀圍往下畫直

同一輪廓款式褲型改變褲腰製作的方式，或改變腰線的高度，可成為不同的細部設計款式（圖3-34）。不論採用哪種褲腰製作方式，前後褲管裁片版型都是相同不變的（圖3-33）。

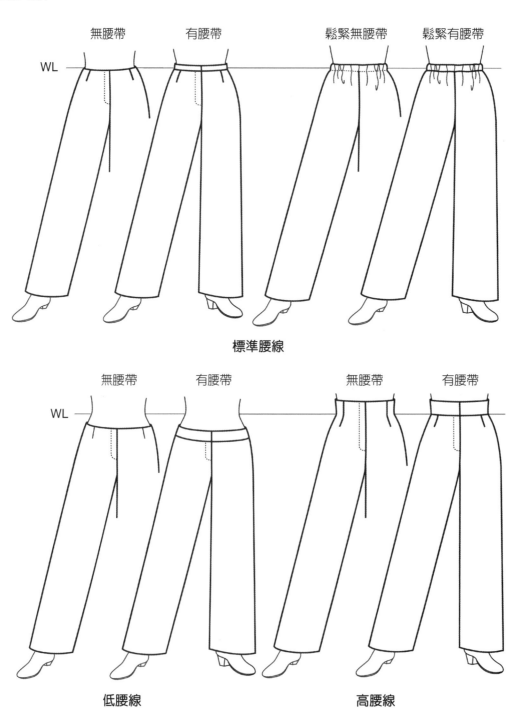

無腰帶　　　有腰帶　　　　鬆緊無腰帶　鬆緊有腰帶

WL

標準腰線

無腰帶　　　有腰帶　　　　無腰帶　　　有腰帶

WL

低腰線　　　　　　　　　高腰線

圖3-34　褲子腰線設計變化

九、標準腰線無腰帶款式寬褲

標準腰線無腰帶款式褲型（圖3-35、圖3-36），需以貼邊製作方法處理腰圍縫份，貼邊裁片要另畫貼邊紙型，並做腰褶的紙型合併處理（參閱無腰帶A字裙，圖2-89）。

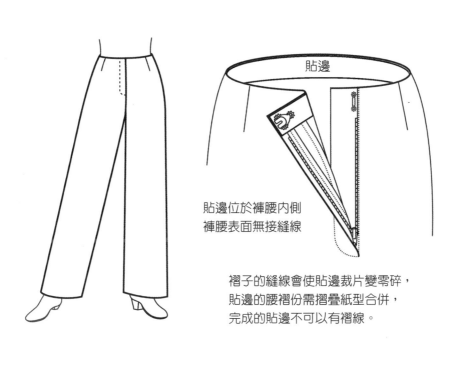

貼邊位於褲腰內側
褲腰表面無接縫線

褶子的縫線會使貼邊裁片變零碎，
貼邊的腰褶份需摺疊紙型合併，
完成的貼邊不可以有褶線。

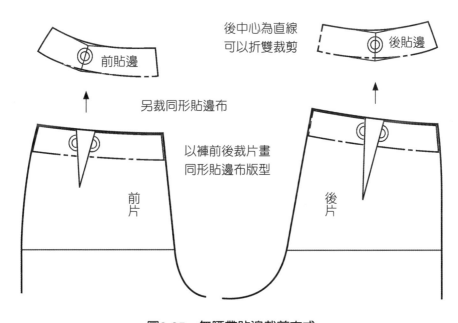

圖3-35　無腰帶貼邊裁剪方式

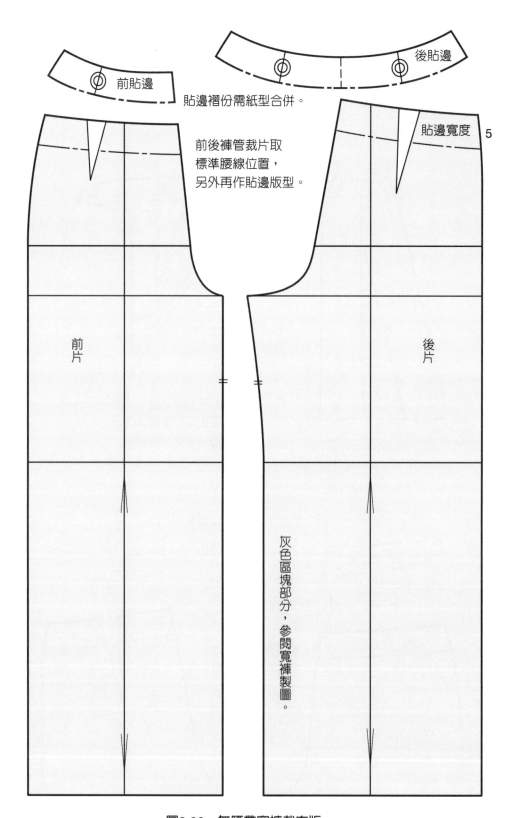

前貼邊

後貼邊

貼邊褶份需紙型合併。

前後褲管裁片取
標準腰線位置,
另外再作貼邊版型。

貼邊寬度 5

前片

後片

灰色區塊部分,參閱寬褲製圖。

圖3-36 無腰帶寬褲裁布版

十、標準腰線有腰帶款式寬褲

標準腰線有腰帶款式需另外裁剪長條形腰帶布接縫（圖3-37、圖3-38），腰帶束於身體腰圍為軀體最小的圍度，由腰圍往上軀體會因胸圍逐漸加大，由腰圍往下軀體會因臀圍逐漸加大，長條形腰帶的寬度太寬時，會無法符合人體的線條，穿著也不舒服。因此長條形腰帶不適用於寬腰帶的設計，也不適用於低腰線與高腰線的設計。

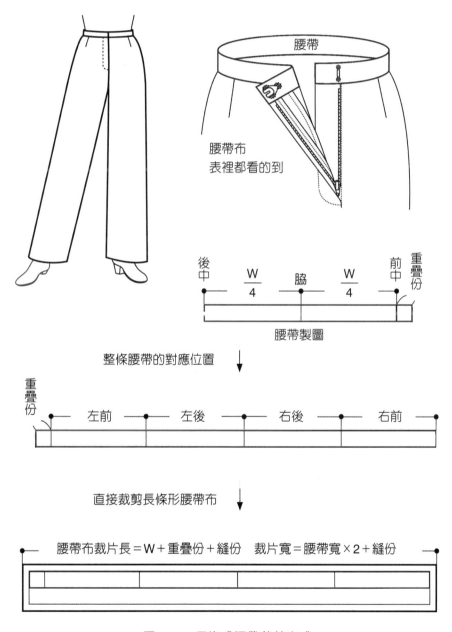

圖3-37　長條式腰帶裁剪方式

			腰帶

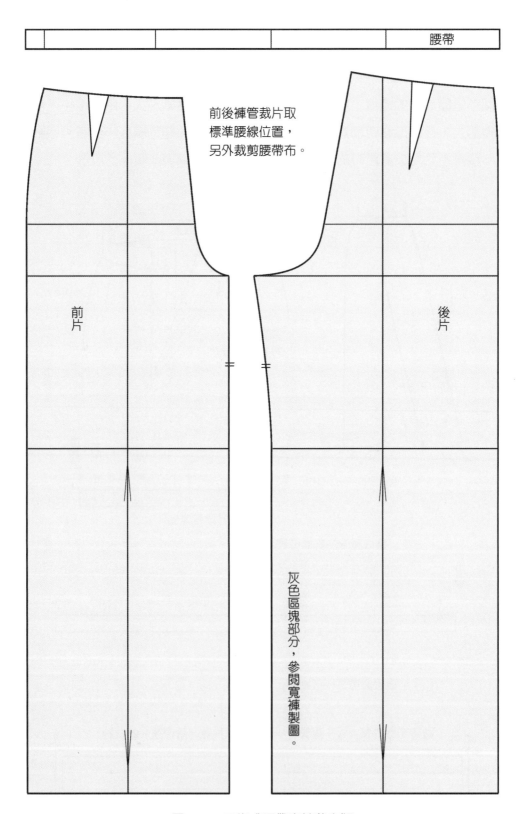

前後褲管裁片取標準腰線位置，另外裁剪腰帶布。

前片

後片

灰色區塊部分，參閱寬褲製圖。

圖3-38　長條式腰帶寬褲裁布版

十一、低腰線無腰帶款式寬褲

　　將標準腰線褲型的腰線平行下降，就可取得低腰線。下降褲腰線為低腰線後，腰帶或貼邊以紙型合併的方式處理腰褶份，以貼合身體的弧度成為弧形（圖3-39）。低腰款式的腰帶與貼邊版型是相同的，只是裁剪與製作方法不同（圖3-40）。

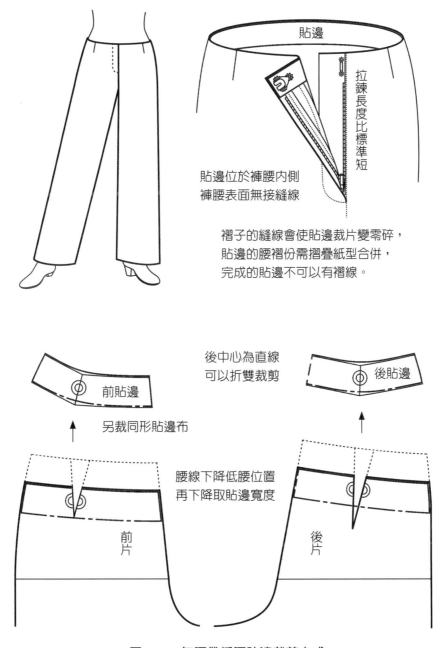

貼邊位於褲腰內側
褲腰表面無接縫線

褶子的縫線會使貼邊裁片變零碎，
貼邊的腰褶份需摺疊紙型合併，
完成的貼邊不可以有褶線。

另裁同形貼邊布

後中心為直線
可以折雙裁剪

腰線下降低腰位置
再下降取貼邊寬度

圖3-39　無腰帶低腰貼邊裁剪方式

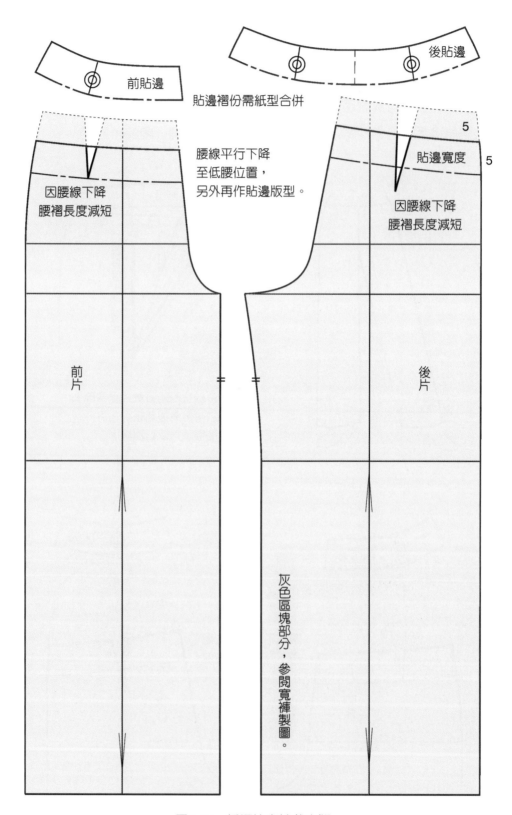

前貼邊

後貼邊

貼邊褶份需紙型合併

腰線平行下降
至低腰位置,
另外再作貼邊版型。

貼邊寬度

5

5

因腰線下降
腰褶長度減短

因腰線下降
腰褶長度減短

前片

後片

灰色區塊部分,參閱寬褲製圖。

圖3-40　低腰線寬褲裁布版

十二、低腰線有腰帶款式寬褲

　　低腰線下降至身體曲線較緩的位置時，因為腰臀差數變小，腰褶份量也會減少變短（圖3-41）。低腰線的設計款式可能在紙型上合併褶份後，因為低腰線切於褶長線下，褶份被扣除而不用製作腰褶（圖3-42）。

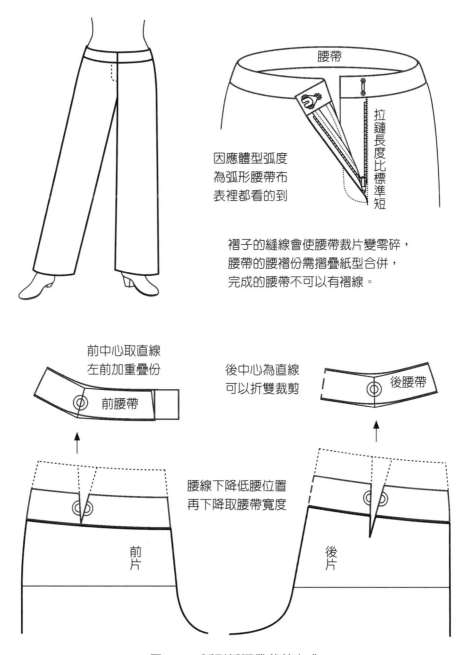

腰帶

因應體型弧度
為弧形腰帶布
表裡都看的到

拉鏈長度比標準短

褶子的縫線會使腰帶裁片變零碎，
腰帶的腰褶份需摺疊紙型合併，
完成的腰帶不可以有褶線。

前中心取直線
左前加重疊份

前腰帶

後中心為直線
可以折雙裁剪

後腰帶

腰線下降低腰位置
再下降取腰帶寬度

前片

後片

圖3-41　弧形低腰帶裁剪方式

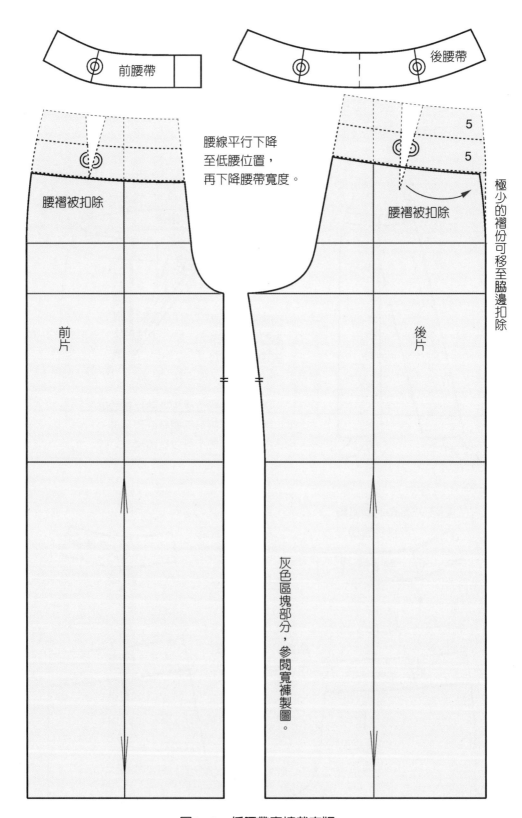

前腰帶

後腰帶

腰線平行下降
至低腰位置，
再下降腰帶寬度。

腰褶被扣除

腰褶被扣除

5

5

極少的褶份可移至脇邊扣除

前片

後片

灰色區塊部分，參閱寬褲製圖。

圖3-42　低腰帶寬褲裁布版

十三、高腰線無腰帶款式寬褲

　　將標準腰線褲型的腰線平行上移，就可取得高腰線（圖3-43、圖3-44）。腰線上移時因為胸腰差數，腰線以上的腰褶份量會減少。高腰線的設計款式褶份最寬處在腰線上，褶份不論往胸圍線或臀圍線都會減少，腰褶成為菱形。

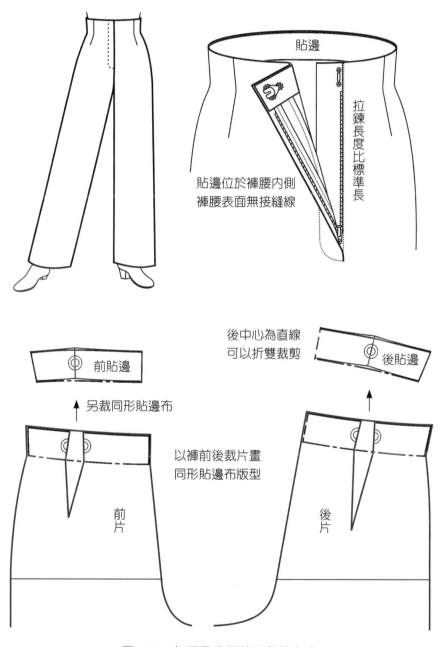

圖3-43　無腰帶高腰貼邊裁剪方式

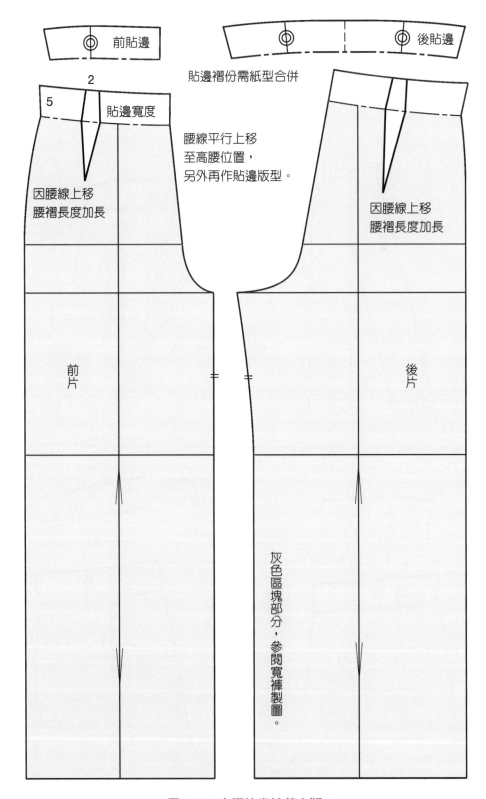

前貼邊

後貼邊

貼邊褶份需紙型合併

2

5

貼邊寬度

腰線平行上移
至高腰位置，
另外再作貼邊版型。

因腰線上移
腰褶長度加長

因腰線上移
腰褶長度加長

前片

後片

灰色區塊部分，參閱寬褲製圖。

圖3-44　高腰線寬褲裁布版

十四、高腰線有腰帶款式寬褲

　　高腰款式的腰帶與貼邊版型是相同的，只是裁剪與製作方法不同（圖3-45、圖3-46）。高腰帶的寬度必須以身體最小圍度的標準腰線為基準切線，才能做出符合體型的腰部線條。

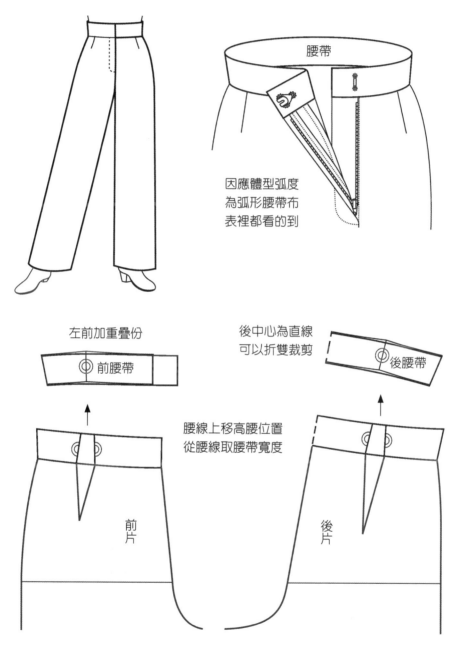

圖3-45　弧形高腰帶裁剪方式

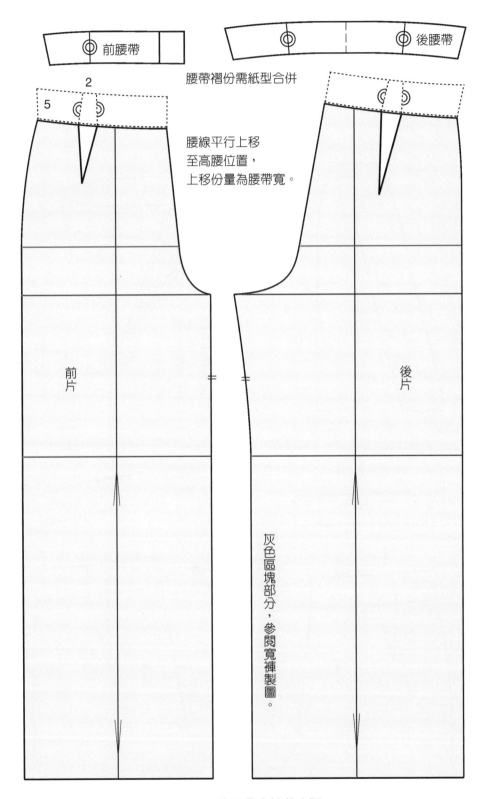

前腰帶

後腰帶

腰帶褶份需紙型合併

腰線平行上移
至高腰位置，
上移份量為腰帶寬。

2

5

前片

後片

灰色區塊部分，參閱寬褲製圖。

圖3-46　高腰帶寬褲裁布版

十五、鬆緊帶無腰帶款式寬褲

　　當褲管的脇邊線成為直線時，可以直接併合外脇線以減少裁片數（圖3-47），這種方式多用在以鬆緊帶處理腰褶的寬鬆式褲型。

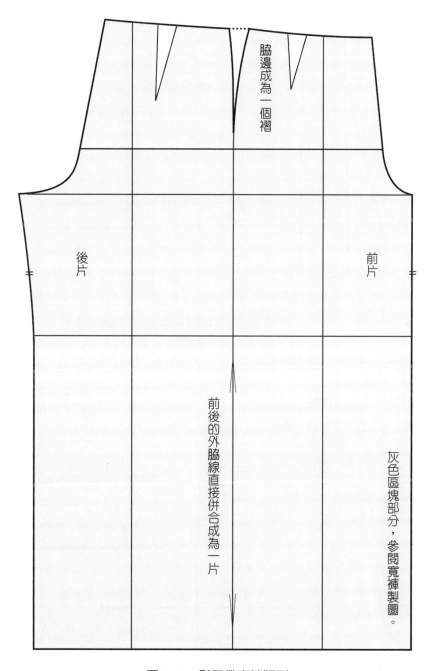

脇邊成為一個褶

後片

前片

前後的外脇線直接併合成為一片

灰色區塊部分，參閱寬褲製圖。

圖3-47　鬆緊帶寬褲版型

以鬆緊帶製作腰圍的方式，腰圍處鬆份必須以臀圍尺寸計算，裁片的腰圍尺寸必須大於身體臀圍尺寸，因此前後中心線都不可以斜向扣除褶份。寬鬆的褲型可將腰線取直線，直接留出腰圍所需的縫份，折回腰帶份量車縫（圖3-48、圖3-49）。

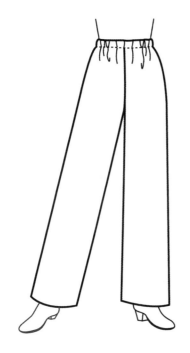

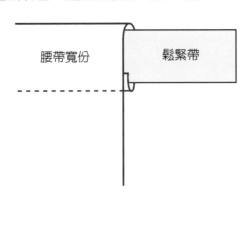

腰線拉直，直接留出腰布，折回車縫。

腰帶寬份　　鬆緊帶

褲裁片可直接留出腰帶寬份與縫份，
將成為直線的腰線，折燙處理。

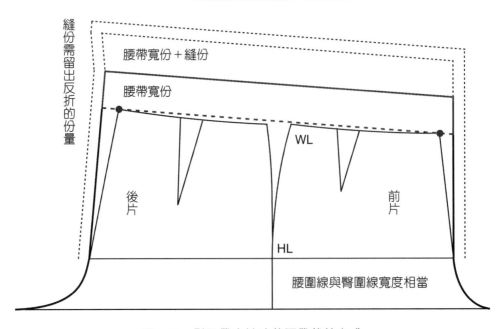

圖3-48　鬆緊帶寬褲連裁腰帶裁剪方式

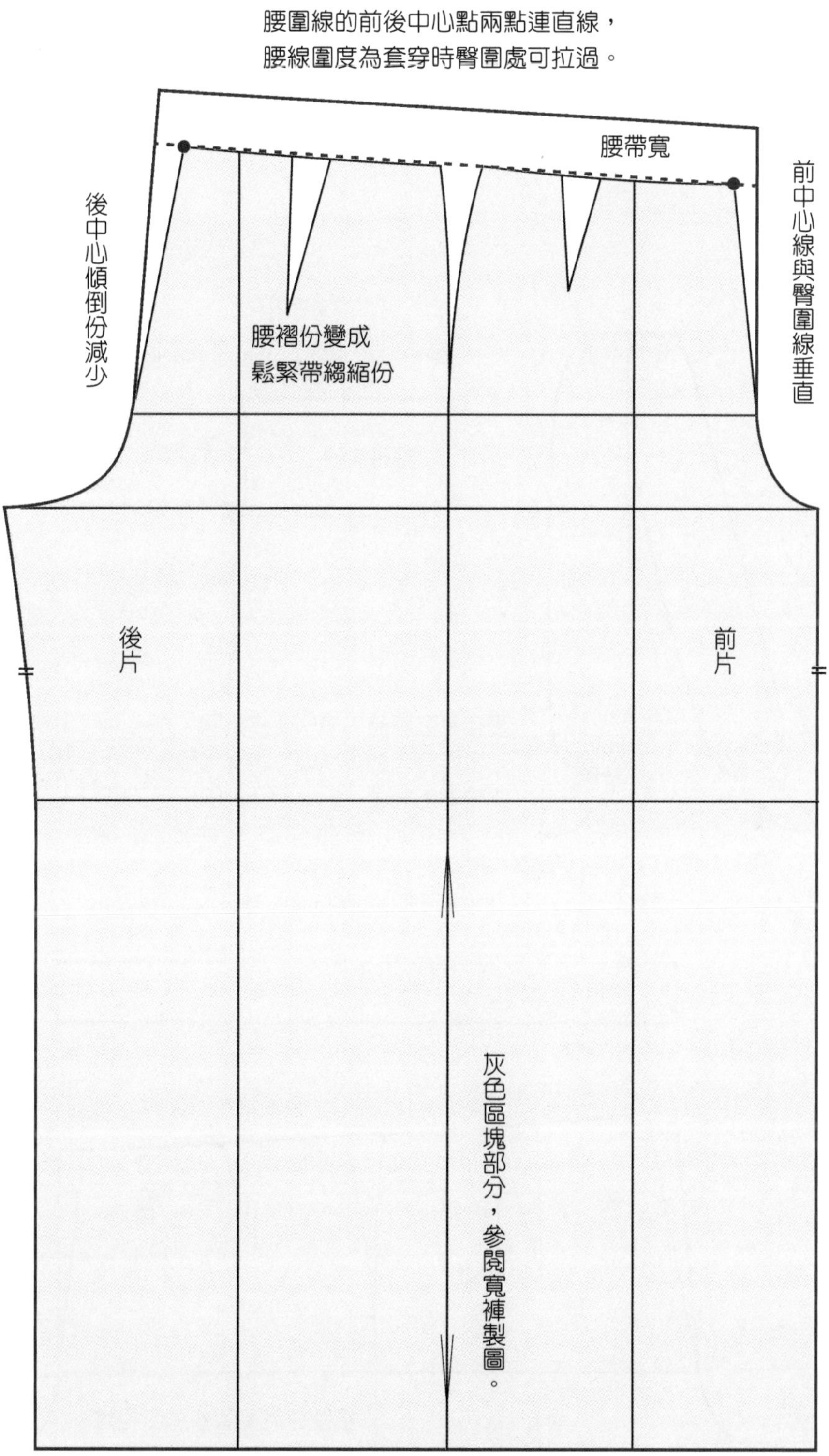

腰圍線的前後中心點兩點連直線,
腰線圍度為套穿時臀圍處可拉過。

腰帶寬

後中心傾倒份減少

前中心線與臀圍線垂直

腰褶份變成
鬆緊帶縐縮份

後片

前片

灰色區塊部分,參閱寬褲製圖。

圖3-49　鬆緊帶寬褲連裁腰帶裁布版

十六、鬆緊帶有腰帶款式寬褲

　　腰線為符合身體曲線在版型上是弧線，要保留腰線的弧線就需另外接縫腰帶（圖3-50、圖3-51）。鬆緊帶褲型穿著時是束於標準腰線，因此只能裁剪長方形腰帶。褲口也可比照腰圍做法，將褲口束緊。

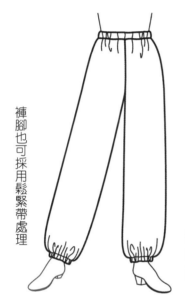

褲腳也可採用鬆緊帶處理

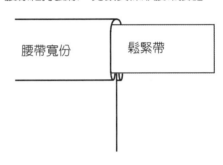

腰線維持弧線，另裁長條形腰布接縫。

腰線為弧線時，無法直接折回。
另裁腰帶布的長度與褲裁片的腰圍尺寸等長；
腰帶布的寬度為鬆緊帶寬度的兩倍加縫份。

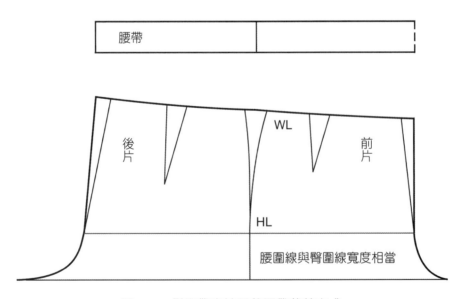

圖3-50　鬆緊帶寬褲另裁腰帶裁剪方式

腰帶長度依照褲裁片的腰圍尺寸設定，寬度依照鬆緊帶寬度設定。

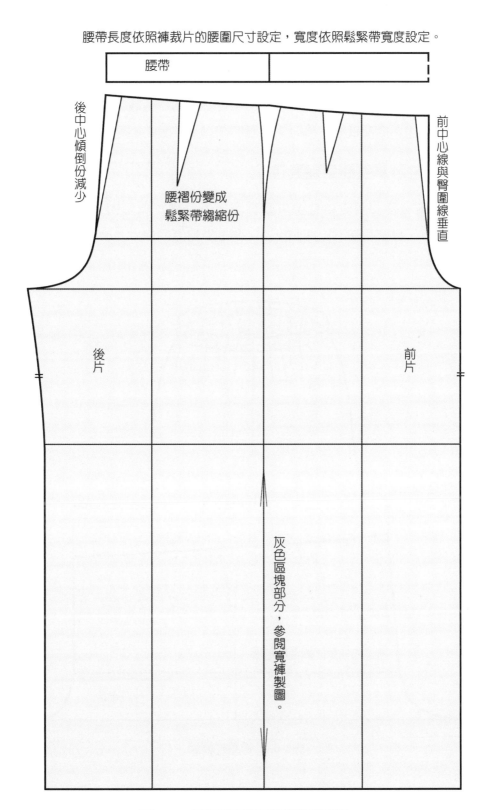

圖3-51　鬆緊帶寬褲另裁腰帶裁布版

十七、鬆緊帶設計與尺寸計算

　　長條形腰帶製作時要以硬質的腰襯撐起造型，弧形腰帶與貼邊內側則貼軟襯做局部的補強並防止變形。長條形腰帶若以鬆緊帶處理腰圍則可有較佳的尺寸適應性，鬆緊帶有腰帶整圈縫製也有局部縫製，縫製的位置不同其腰帶裁布與腰襯的尺寸亦跟著改變。

款式一：H尺寸計算整圈車鬆緊帶

　　褲子穿著時褲腰必須直接拉過身體臀圍，所以褲腰與腰帶尺寸以臀圍計算（圖3-52、圖3-53），鬆緊帶尺寸以腰圍計算，腰圍與臀圍的尺寸差數就是鬆緊帶縐縮的份量。

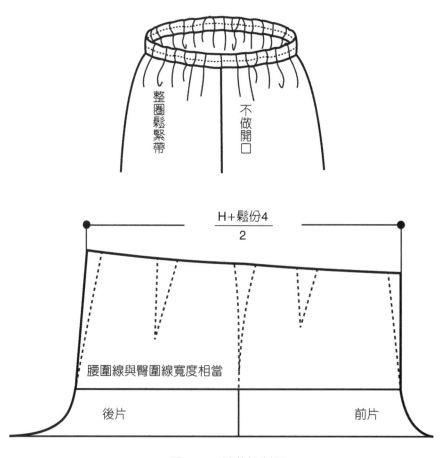

圖3-52　褲裁片製圖

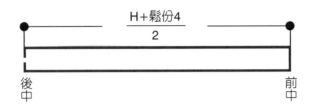

$$\frac{H+鬆份4}{2}$$

後中　　　　　　　　　　　　　　　　前中

圖3-53　腰帶製圖

腰帶副料裁剪計算（圖3-54）

　　服裝製作將布料稱為「主料」，主料以外所使用的材料都可稱為「副料」。裙與褲所使用的副料包含拉鍊、襯、鬆緊帶、鈕釦、裙鉤等，褲腰整圈車鬆緊帶時所需要的副料只有鬆緊帶。

　　腰帶布　長＝H＋鬆份＋縫份

　　　　　　寬＝腰帶寬×2 ＋縫份

　　鬆緊帶　長＝W－束緊份＋縫份

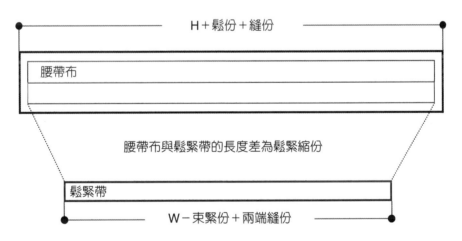

H＋鬆份＋縫份

腰帶布

腰帶布與鬆緊帶的長度差為鬆緊縮份

鬆緊帶

W－束緊份＋兩端縫份

鬆緊帶尺寸扣除的束緊份，依布料材質與個人穿著感受調整。

圖3-54　主副料的裁剪計算

款式二：W尺寸計算整圈車鬆緊帶、前中做拉鍊開口

褲腰、腰帶與鬆緊帶尺寸都以腰圍計算（圖3-55、圖3-56），鬆緊帶縐縮的份量會比用臀圍尺寸計算的少，腰圍處穿著外觀的膨出度較小，不會增加視覺上的肥胖感。但是前中心要做拉鍊增加開口的尺寸，穿著時褲腰才能拉過身體臀圍，因為使用有彈性的鬆緊帶，拉鍊開口所需增加的尺寸可比一般常用的七吋短（參閱窄裙，圖2-27）。

前開口裙鉤扣合後要呈現平整的狀態，因此褲腰前中心的重疊份處應使用腰襯。有時為節省製作工序且不需另外備料，這一小段的腰襯直接用鬆緊帶替代不另外做接縫。

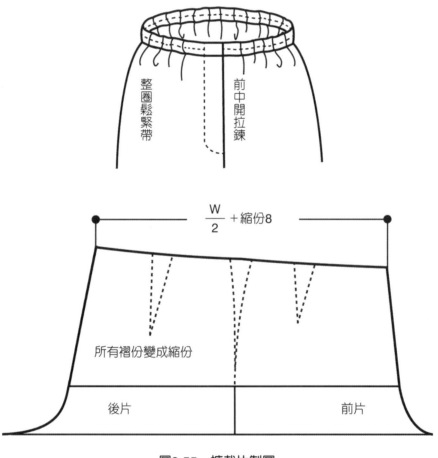

圖3-55　褲裁片製圖

圖3-56　腰帶製圖

腰帶副料裁剪計算（圖3-57）

腰帶布　長＝W＋縮份＋重疊份＋縫份

　　　　寬＝腰帶寬×2＋縫份

鬆緊帶　長＝W－束緊份＋縫份

腰襯　　長＝重疊份＋縫份

節省製作工序時腰襯可以用鬆緊帶替代，將腰襯所需長度加入鬆緊帶中：

鬆緊帶長＝W－束緊份＋重疊份

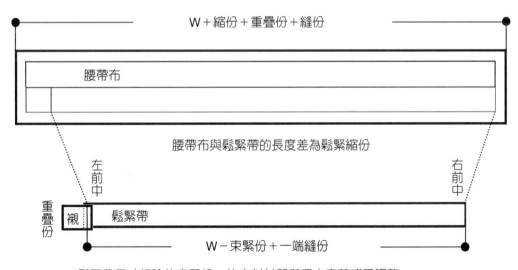

鬆緊帶尺寸扣除的束緊份，依布料材質與個人穿著感受調整。

圖3-57　主副料的裁剪計算

款式三：後半腰車鬆緊帶、前中作拉鍊開口（圖3-58、圖3-59、圖3-60）

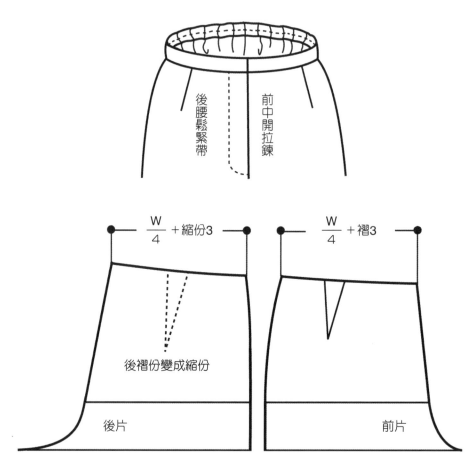

圖3-58　褲裁片製圖

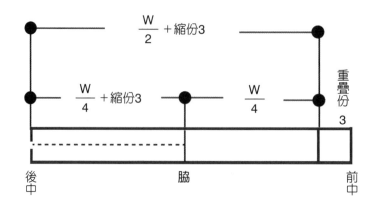

圖3-59　腰帶製圖

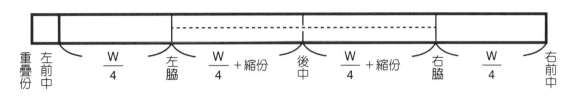

圖3-60　腰帶製圖展開

腰帶副料裁剪計算（圖3-61）

腰帶布　長＝W＋縮份＋重疊份＋縫份

　　　　寬＝腰帶寬×2＋縫份

鬆緊帶　長＝$\dfrac{W}{2}$＋縫份

腰襯二段　長＝$\dfrac{W}{4}$＋縫份

　　　　　長＝$\dfrac{W}{4}$＋重疊份＋縫份

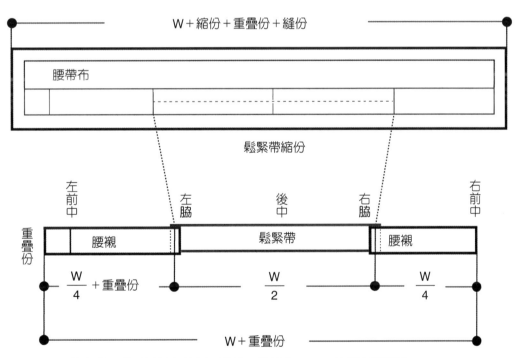

腰襯與鬆緊帶重疊併合接縫，接縫一端縫份1 cm，接縫兩端縫份2 cm。

圖3-61　主副料的裁剪計算

款式四：後半腰車鬆緊帶、左脇做拉鍊開口（圖3-62、圖3-63、圖3-64）

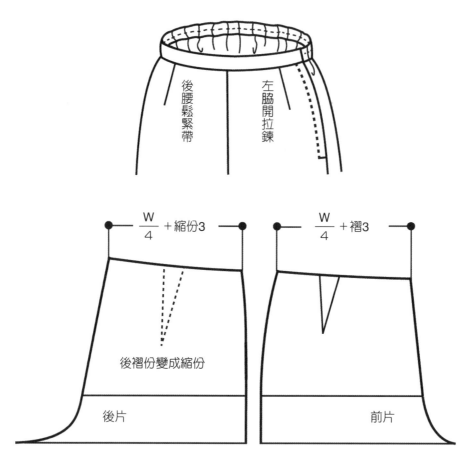

圖3-62　褲裁片製圖

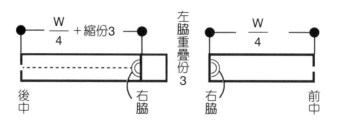

圖3-63　腰帶製圖

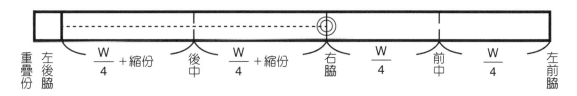

圖3-64　腰帶製圖展開

腰帶副料裁剪計算（圖3-65）

腰帶布　　長＝W＋縮份＋重疊份＋縫份

寬＝腰帶寬×2＋縫份

鬆緊帶　　長＝$\frac{W}{2}$＋縫份

腰襯二段　長＝$\frac{W}{2}$＋縫份

長＝重疊份＋縫份（腰襯可以用鬆緊帶替代）

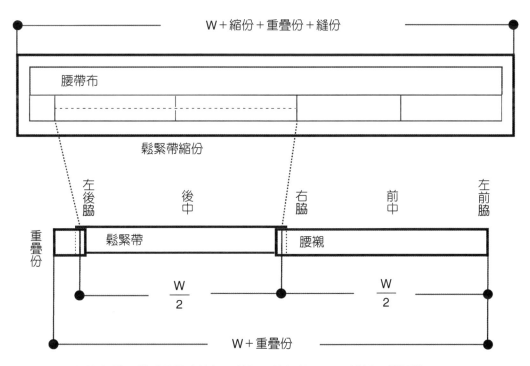

腰襯與鬆緊帶重疊併合接縫，接縫一端縫份1 cm，接縫兩端縫份2 cm。

圖3-65　主副料的裁剪計算

款式五：兩脇車鬆緊帶、前中作拉鍊開口 （圖3-66、圖3-67、圖3-68）

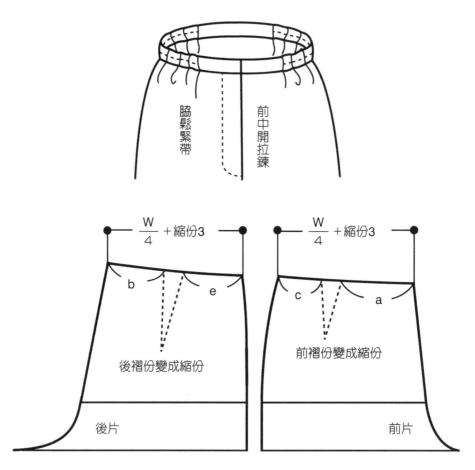

$$\frac{W}{4} + 縮份3$$

b   e

後褶份變成縮份

後片

$$\frac{W}{4} + 縮份3$$

c   a

前褶份變成縮份

前片

圖3-66　褲裁片製圖

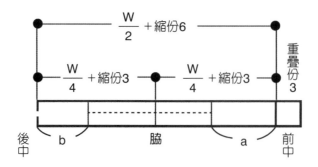

$$\frac{W}{2} + 縮份6$$

重疊份3

$$\frac{W}{4} + 縮份3$$　$$\frac{W}{4} + 縮份3$$

後中   b   脇   a   前中

圖3-67　腰帶製圖

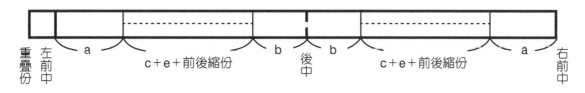

重疊份　左前中　a　c＋e＋前後縮份　b　後中　b　c＋e＋前後縮份　a　右前中

圖3-68　腰帶製圖展開

腰帶副料裁剪計算（圖3-69）

腰帶布　　長＝W＋縮份＋重疊份＋縫份

　　　　　寬＝腰帶寬×2　＋縫份

鬆緊帶二段　長＝c＋e＋縫份

　　　　　　長＝c＋e＋縫份

腰襯三段　長＝a＋縫份

　　　　　長＝b＋b＋縫份

　　　　　長＝a＋重疊份＋縫份

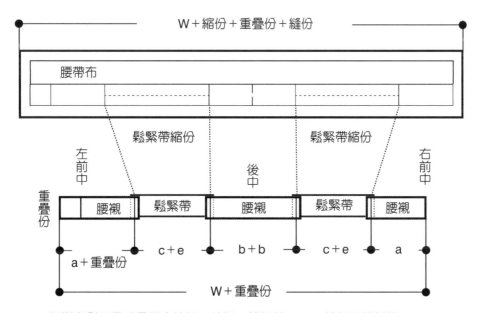

W＋縮份＋重疊份＋縫份

腰帶布

鬆緊帶縮份　　　　　鬆緊帶縮份

左前中　　　後中　　　右前中

重疊份　腰襯　鬆緊帶　腰襯　鬆緊帶　腰襯

a＋重疊份　　c＋e　　b＋b　　c＋e　　a

W＋重疊份

腰襯與鬆緊帶重疊併合接縫，接縫一端縫份1 cm，接縫兩端縫份2 cm。

圖3-69　主副料的裁剪計算

款式六：兩脇車鬆緊帶、左脇做拉鍊開口（圖3-70、圖3-71、圖3-72）

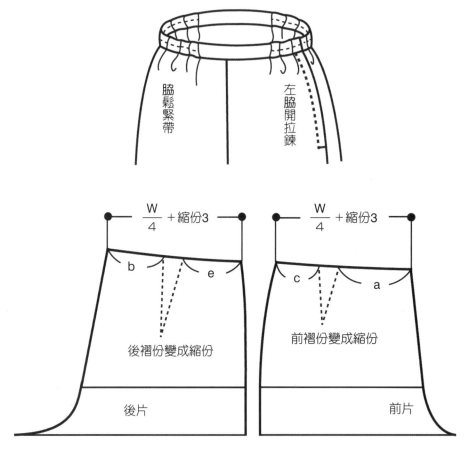

圖3-70　褲裁片製圖

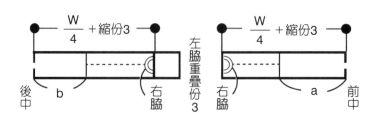

圖3-71　腰帶製圖

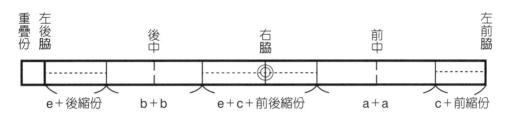

圖3-72　腰帶製圖展開

腰帶副料裁剪計算（圖3-73）

腰帶布　長＝W＋縮份＋重疊份＋縫份

　　　　寬＝腰帶寬×2 ＋縫份

鬆緊帶三段　長＝c＋縫份

　　　　　　長＝c＋e＋縫份

　　　　　　長＝e＋縫份

腰襯三段　長＝a＋a＋縫份

　　　　　長＝b＋b＋縫份

　　　　　長＝重疊份＋縫份

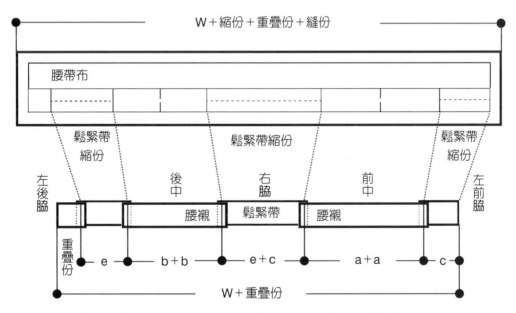

腰襯與鬆緊帶重疊併合接縫，接縫一端縫份1 cm，接縫兩端縫份2 cm。

圖3-73　主副料的裁剪計算

十八、口袋版型設計

　　口袋是兼具裝飾性與功能性的細部設計，每一款裙或褲型都可以加入前口袋或後口袋。口袋的種類有將衣服裁片剪開製作口袋口，內側車縫口袋布的「開口袋」；直接在衣服表面車縫口袋布的「貼口袋」；利用衣服接縫線或剪接線為口袋口、內側車縫口袋布的「剪接口袋」。

　　口袋口的寬度至少要以手掌虎口最寬處能伸入為準，一般會參考衣服設計線的比例。例如後臀貼袋在標準腰線款式會取接近正方形的袋布，低腰線款式會取寬度大於深度的長方形。

　　口袋的深度以手掌的長度比例為參考依據：一般年紀較長者喜歡深口袋有安全感，袋布可將整個手掌伸入；深口袋比較耗布成衣較少製作，且裝入物品會有鼓起的外觀，不適宜合身的褲型。低腰線款式、裝飾性的口袋或成衣會製作較淺的口袋，淺口袋實用性相對較差。

款式一：後開口袋（圖3-74、圖3-75）

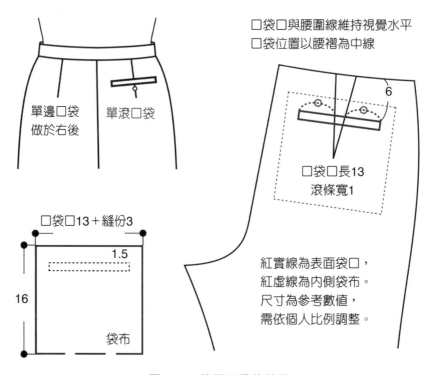

圖3-74　後開口袋的位置

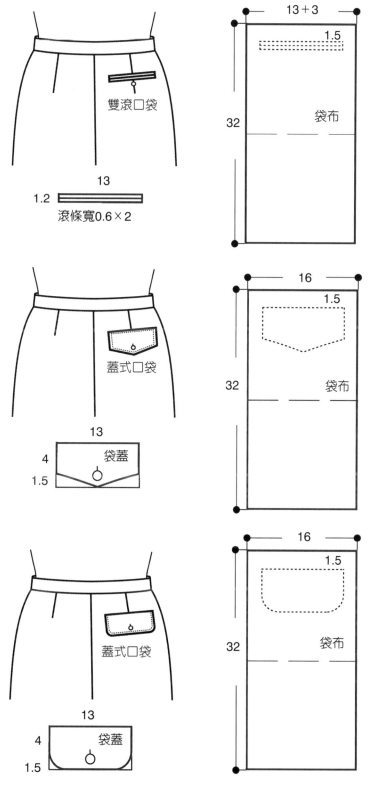

圖3-75　後開口袋尺寸

款式二：後貼口袋（圖3-76）

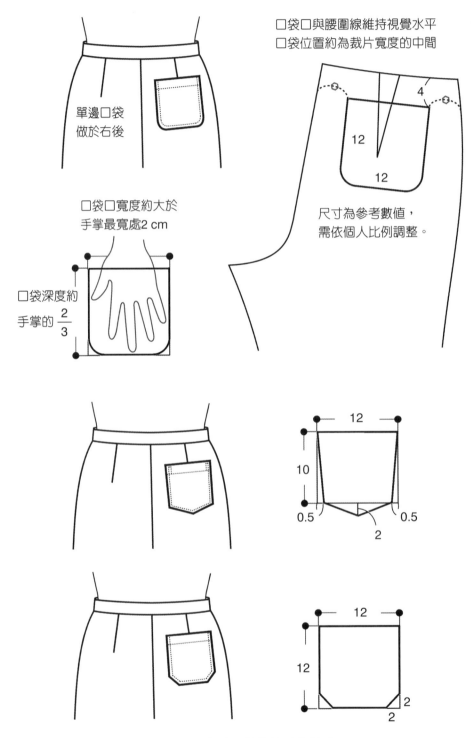

口袋口與腰圍線維持視覺水平
口袋位置約為裁片寬度的中間

單邊口袋
做於右後

口袋口寬度約大於
手掌最寬處2 cm

口袋深度約
手掌的 $\frac{2}{3}$

尺寸為參考數值，
需依個人比例調整。

圖3-76　後貼口袋的位置與尺寸

款式三：脇邊剪接口袋（圖3-77）

前身剪接口袋依腰線位置設計口袋線條：標準腰線款式的袋口線可以採直向或橫向的直線與弧線來做變化設計；低腰線款式的袋口若下降會使袋布墜於臀圍線下，因此不會採直向延伸的設計線；高腰線款式考慮與腰褶線的對應位置，不會採用橫向延伸的設計線。

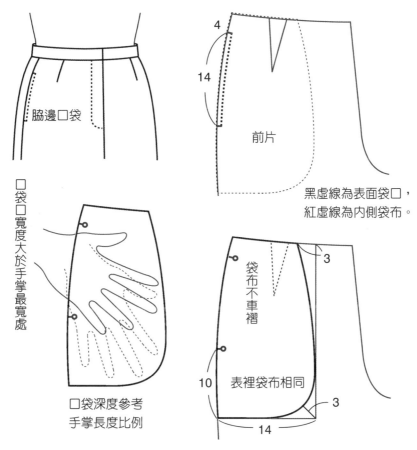

前後片　利用脇邊線開縫做口袋口，裁片完整與不做口袋時相同。
表袋布　在內側接縫後片，口袋打開時會看見，要使用表布裁剪。
裡袋布　在內側接縫前片，表面看不見，可替換為裡布。

圖3-77　脇邊剪接口袋的位置與尺寸

款式四：前高腰斜插剪接口袋（圖3-78）

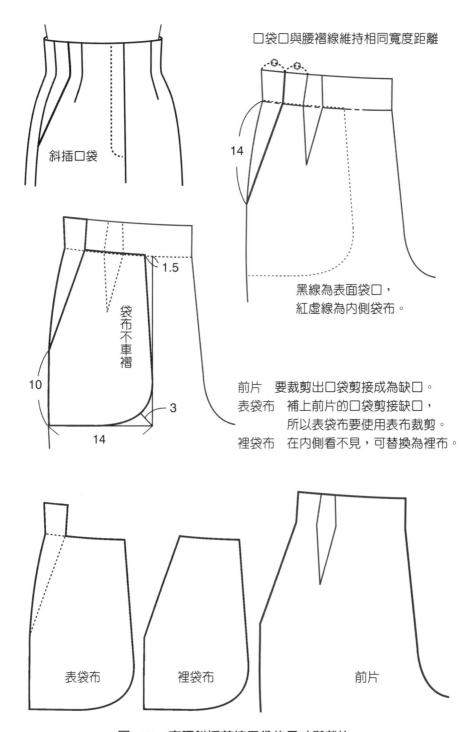

口袋口與腰褶線維持相同寬度距離

斜插口袋

14

1.5

袋布不車褶

10

3

14

黑線為表面袋口，
紅虛線為內側袋布。

前片　要裁剪出口袋剪接成為缺口。
表袋布　補上前片的口袋剪接缺口，
　　　　所以表袋布要使用表布裁剪。
裡袋布　在內側看不見，可替換為裡布。

表袋布　　　裡袋布　　　　　前片

圖3-78　高腰斜插剪接口袋的尺寸與裁片

款式五：前斜插剪接口袋（圖3-79）

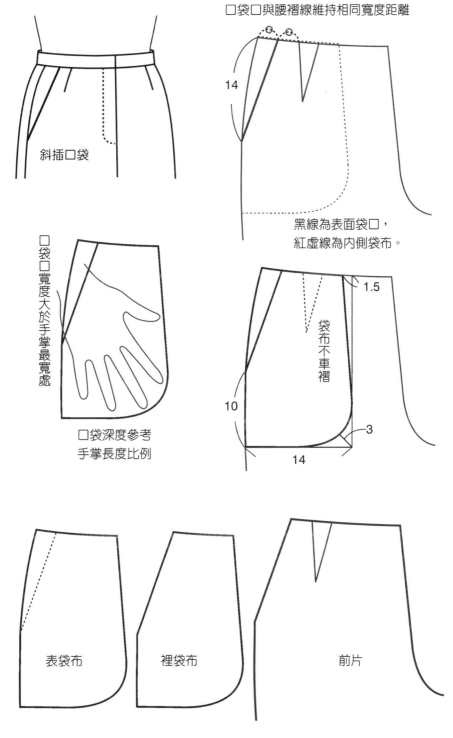

斜插口袋

口袋口與腰褶線維持相同寬度距離

14

黑線為表面袋口，
紅虛線為內側袋布。

口袋口寬度大於手掌最寬處

口袋深度參考手掌長度比例

1.5

袋布不車褶

10

3

14

表袋布

裡袋布

前片

圖3-79　斜插剪接口袋的尺寸與裁片

款式六：前弧形剪接口袋（圖3-80）

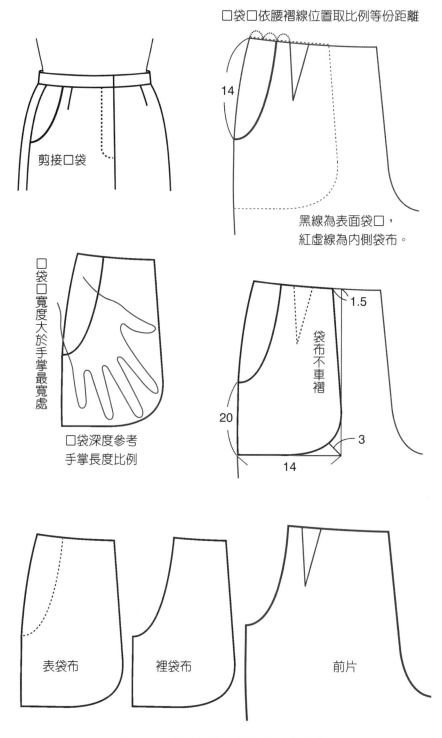

口袋口依腰褶線位置取比例等份距離

14

剪接口袋

黑線為表面袋口，
紅虛線為內側袋布。

口袋口寬度大於手掌最寬處

口袋深度參考手掌長度比例

1.5

袋布不車褶

20

3

14

表袋布

裡袋布

前片

圖3-80　弧形剪接口袋的尺寸與裁片

款式七：前低腰弧形剪接口袋（圖3-81）

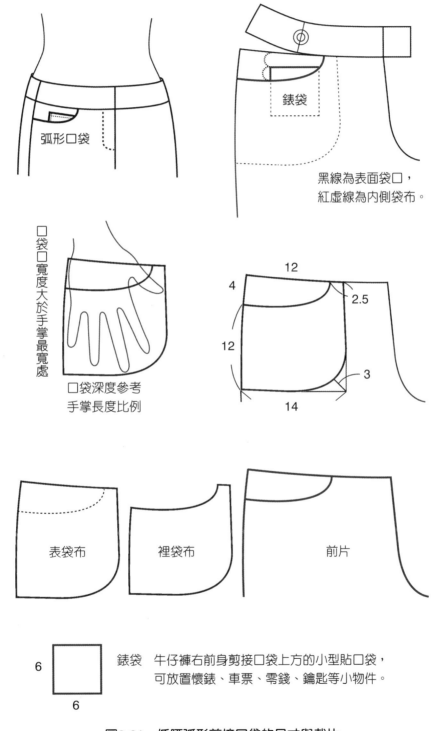

弧形口袋

錶袋

黑線為表面袋口，
紅虛線為内側袋布。

口袋口寬度大於手掌最寬處

口袋深度參考
手掌長度比例

12
4
2.5
12
14
3

表袋布　　裡袋布　　前片

6
6

錶袋　牛仔褲右前身剪接口袋上方的小型貼口袋，
可放置懷錶、車票、零錢、鑰匙等小物件。

圖3-81　低腰弧形剪接口袋的尺寸與裁片

十九、寬襬褲

　　以寬褲的基本製圖為原型，由腰褶褶尖點取垂直線，從下襬往上剪至褶尖點，再將腰褶摺疊合併（參閱斜裙，圖2-65）。

　　採取腰褶合併的方式，可將腰褶份量全轉換成為襬圍展開的尺寸，腰圍處不留腰褶。只在腰褶褶尖點的垂直線做襬圍的展開，尺寸會偏向外脇，褲襬的垂墜波浪也會偏外脇。（圖3-82）。

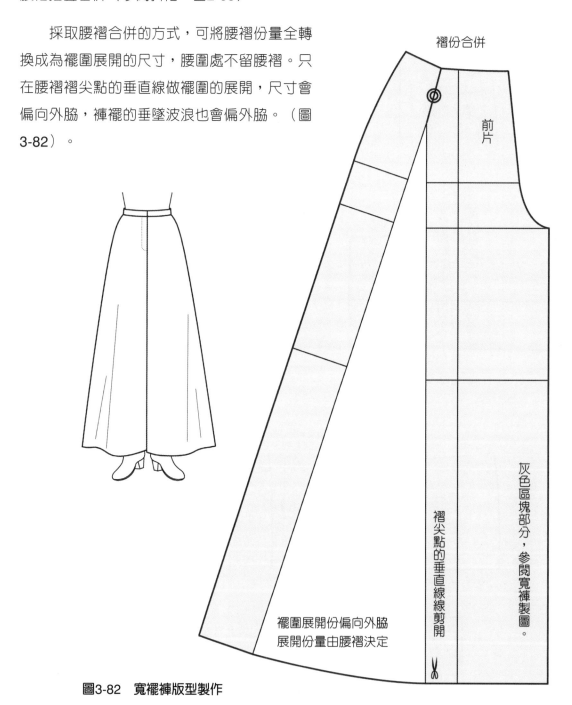

褶份合併

前片

灰色區塊部分，參閱寬褲製圖。

褶尖點的垂直線線剪開

襬圍展開份偏向外脇
展開份量由腰褶決定

圖3-82　寬襬褲版型製作

如要使內外脇兩側呈現均衡垂墜的波浪，前後中心線的股下處也可以再做一條垂直的切展線（圖3-83）。

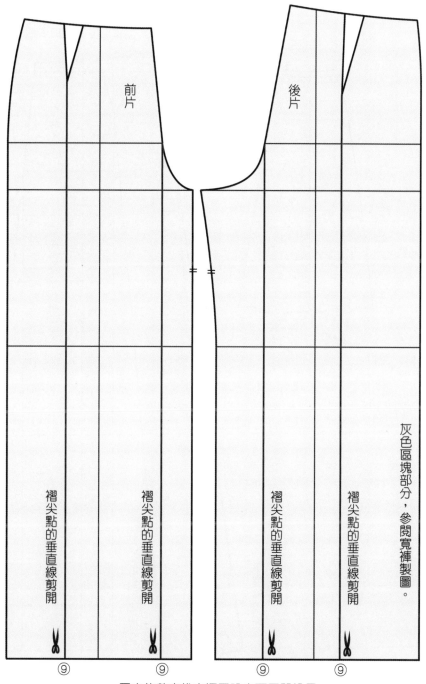

前片

後片

灰色區塊部分，參閱寬褲製圖。

褶尖點的垂直線剪開

褶尖點的垂直線剪開

褶尖點的垂直線剪開

褶尖點的垂直線剪開

⑨　　⑨　　⑨　　⑨

圈內的數字代表襬圍設定要展開份量

圖3-83　寬襬褲襬圍尺寸的取法

如果想要控制襬圍展開的尺寸，可設定襬圍要展開的份量，將腰褶的份量部分轉移、部分縫成尖褶（圖3-84、圖3-85）。

腰褶份分為二，分別
為轉移至褲襬與車褶。

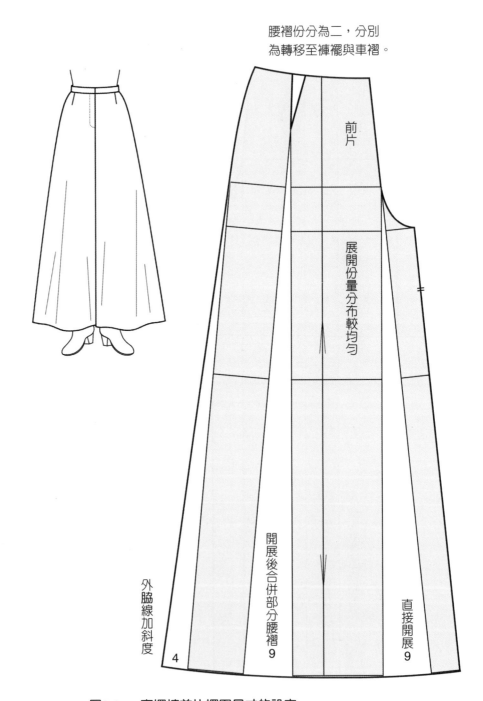

前片

展開份量分布較均勻

外脇線加斜度

4

開展後合併部分腰褶
9

直接開展
9

圖3-84　寬襬褲前片襬圍尺寸的設定

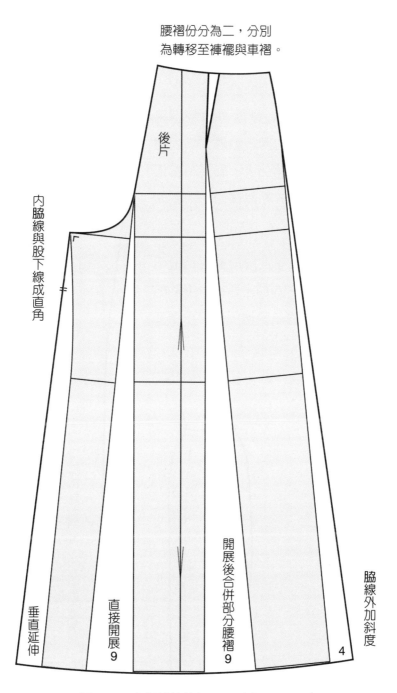

腰褶份分為二，分別
為轉移至褲襬與車褶。

後片

內脇線與股下線成直角

垂直延伸

直接開展 9

開展後合併部分腰褶 9

脇線外加斜度

4

圖3-85　寬襬褲後片襬圍尺寸的設定

二十、單活褶褲

以直筒褲的基本製圖為原型，將前片的腰褶移到裁片中心線後，裁片中心線由上往下剪至下襬，在腰圍線做紙型展開增加褶的份量（圖3-86）。

使用直筒褲的基本製圖為原型，比較容易了解活褶版型操作的改變。利用紙型展開增加褶份，臀圍鬆份因為紙型的展開加大，整燙時會依裁片中心線折燙，褶份的消失點為褲口，前膝圍也展開部分褶份（圖3-87）。

重新以量身尺寸製圖，可取前後臀圍鬆份不同：後臀圍鬆份1 cm，前臀圍加出活褶折燙的份量鬆份4 cm。褶份的消失點為膝線，褲管小腿部分無開展褶份（圖3-88）。

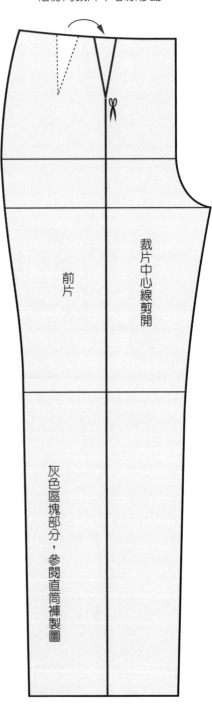

褶份向裁片中心線移動

前片

裁片中心線剪開

灰色區塊部分，參閱直筒褲製圖

圖3-86　單活褶褲版型製作

使用直筒褲為原型的製圖法

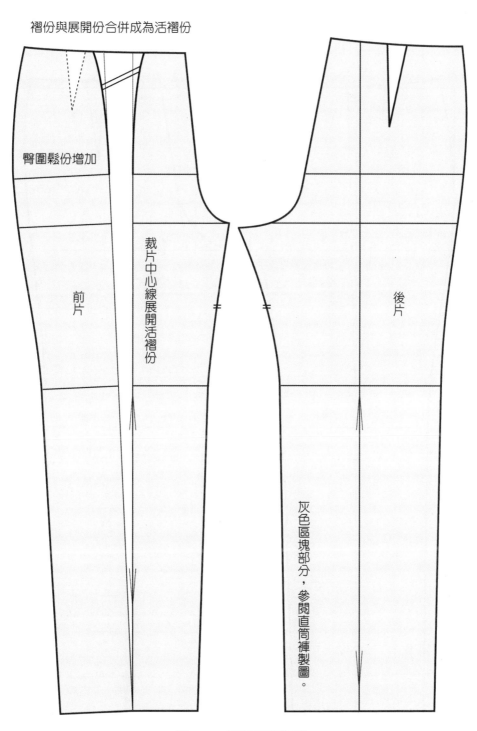

褶份與展開份合併成為活褶份

臀圍鬆份增加

前片

裁片中心線展開活褶份

後片

灰色區塊部分，參閱直筒褲製圖。

圖3-87　單活褶褲版型

以尺寸打版的製圖法

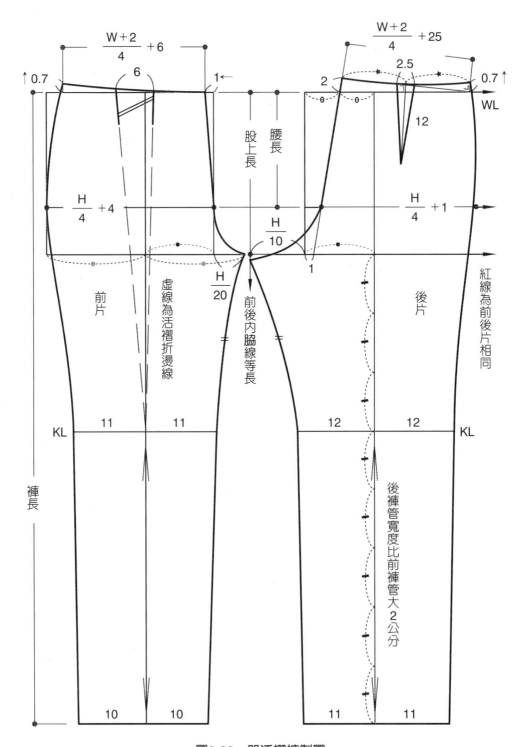

圖3-88　單活褶褲製圖

二十一、雙活褶褲

為寬鬆式臀圍鬆份增加的褲型，腰臀差變大、腰褶份相對變大，腰褶須以雙褶處理。前片部分臀圍鬆份量會成為活褶折燙份（圖3-89）。

長褲的褲口尺寸後片大於前片約2～3 cm，短褲的褲口畫法是先取脇邊垂直線後再內縮，前後片褲口尺寸差距較大。

短褲款式

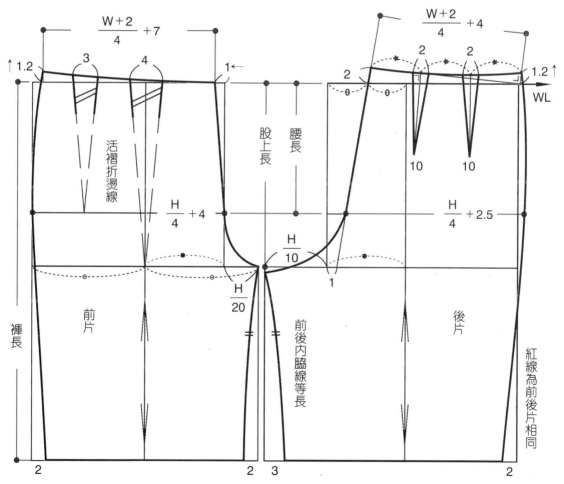

圖3-89　雙活褶短褲製圖

長褲款式

相同款式版型長褲與短褲的差別在於長度與褲口的比例（圖3-90），長褲取膝圍與褲口尺寸比例，短褲褲口直接參考股上的垂直寬度。

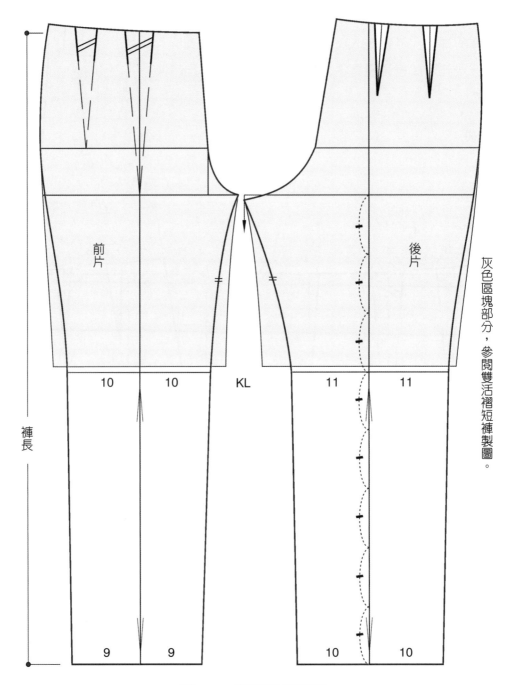

圖3-90　雙活褶長褲版型

二十二、高腰活褶褲

裙或褲裝取高腰線可視為與上衣的連接，因此腰線取水平線直接上移，上移後的高腰線處腰褶份量減少。

增加腰圍鬆份（4 cm）是為了繫腰帶後，腰圍做出縮緊的造型，也可以選擇不做效果不加鬆份。以貼邊製作方法處理腰圍縫份，腰圍尺寸不需加摺縫份。褲腳反摺設計在版型上僅畫一條直線表示。

短褲款式（圖3-91、圖3-92）

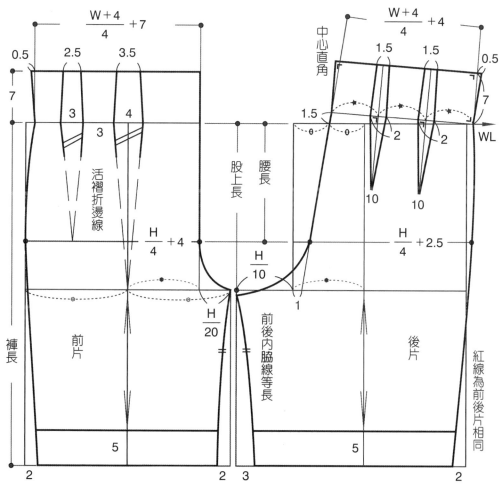

圖3-91　高腰活褶短褲製圖

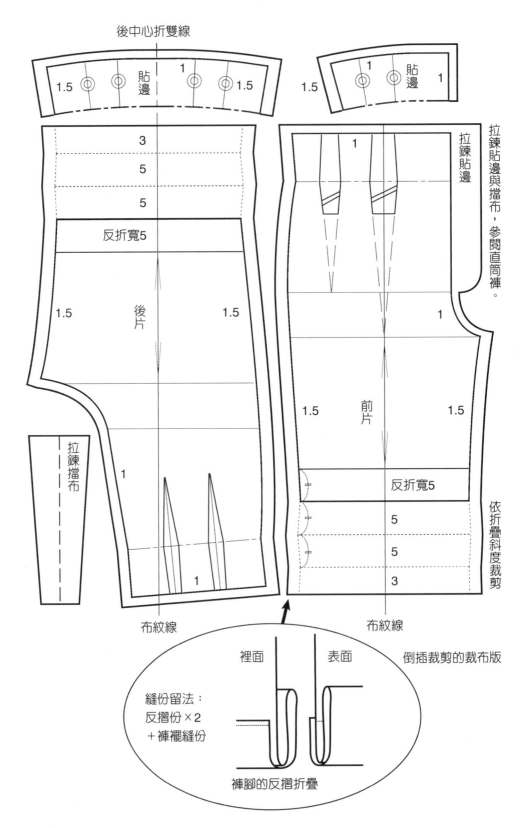

後中心折雙線

貼邊

1.5 ⊚ ⊚ 1 ⊚ ⊚ 1.5

1.5 ⊚ ⊚ 貼邊 1

3

5

5

反折寬5

1.5 後片 1.5

拉鍊擋布 1

1

拉鍊貼邊

1

1.5 前片 1.5

反折寬5

5

5

3

拉鍊貼邊與擋布，參閱直筒褲。

依折疊斜度裁剪

布紋線

布紋線

倒插裁剪的裁布版

裡面 表面

縫份留法：
反摺份×2
＋褲襬縫份

褲腳的反摺折疊

圖3-92　褲腳反摺設計的裁布要點

長褲款式（圖3-93）

以長布條製作腰帶必須裁剪直布紋，穿著時可運用雞眼釦調整腰帶的長度。

雞眼釦：中間有孔洞的金屬環釦，可保護皮帶穿孔不磨損，以敲釘的方式固定。

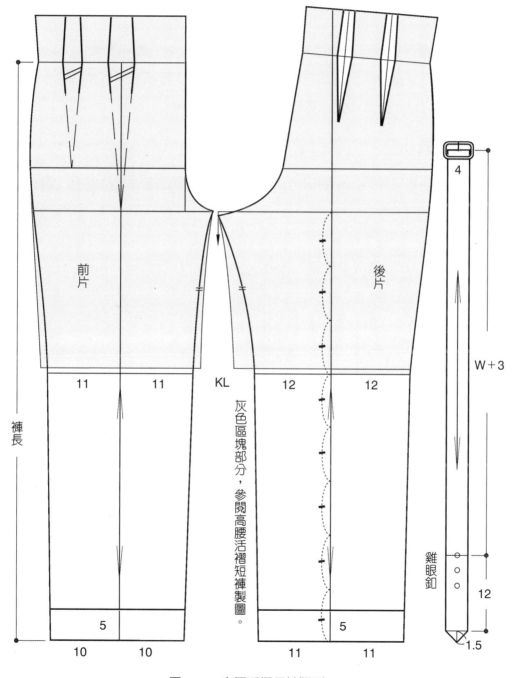

圖3-93　高腰活褶長褲版型

二十三、高腰吊帶褲

裙與褲是以腰為基準穿在身上，腰圍尺寸若太大裙褲穿不住會往下掉，因此打版時腰圍不可加入鬆份。高腰活褶褲版型增加腰圍的鬆份，再以腰帶束緊，穿著時褲子才能正確地掛在腰圍上。也就是說，增加腰圍鬆份的高腰活褶褲不繫腰帶時是不合身的，如果穿著時不想繫腰帶，就須打版合腰的版型。

把高腰活褶褲版型往上延伸成為吊帶款式，褲子就變成靠吊帶繫住，以肩為基準穿在身上，腰圍尺寸有沒有鬆份都不會影響穿著的位置。腰褶份可以車縫成為合身款式（圖3-94），也可以不做處理變成寬鬆款式（圖3-96）。

腰圍半合身款式

此款在前中心做拉鍊開口，腰褶份一褶縫合、一褶不做處理成為鬆份（圖3-95）。

圖3-94　半合身式吊帶褲設計

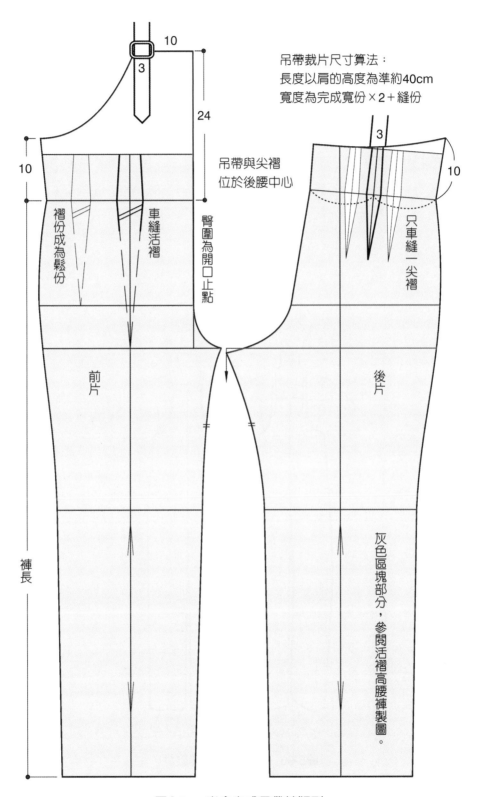

吊帶裁片尺寸算法：
長度以肩的高度為準約40cm
寬度為完成寬份×2＋縫份

10

3

24

10

吊帶與尖褶
位於後腰中心

臀圍為開口止點

褶份成為鬆份

車縫活褶

前片

褲長

3

10

只車縫一尖褶

後片

灰色區塊部分，參閱活褶高腰褲製圖。

圖3-95　半合身式吊帶褲版型

腰圍寬鬆款式

　　褲子的開口依設計的款式可做於前中心、左脇或後中心，此款在左脇做鈕釦開口，輪廓外觀為直筒型。腰褶份全部不做處理成為腰部很寬鬆的款式，腰部鬆份大、腰圍尺寸也大，褲子的開口尺寸相對可以小（圖3-97）。

　　連身褲的打版後身片是由腰圍線直接往上延伸畫出，因為褲子有後中傾倒份，後中心線會傾倒成為斜布紋。很多連身褲版型為保持後身片中心線的直布紋，以腰圍線切開做剪接線的方式，上下身成為兩片各自裁剪。

圖3-96　寬鬆式吊帶褲設計

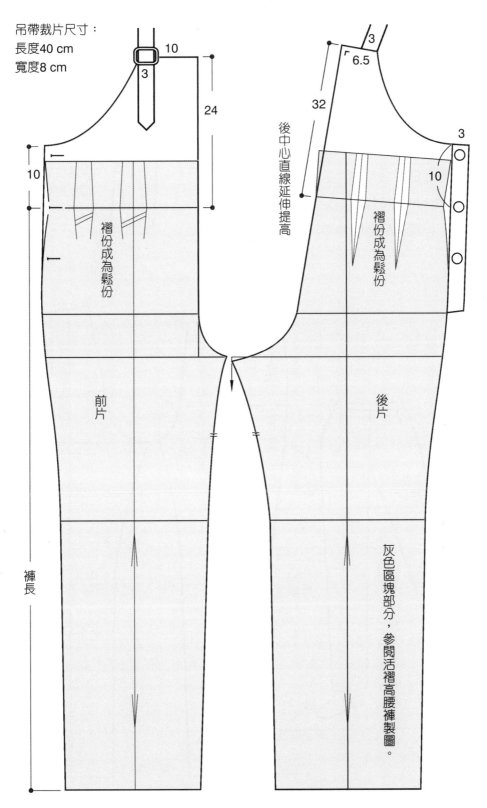

吊帶裁片尺寸：
長度40 cm
寬度8 cm

10
3
24

3
6.5
32
3

後中心直線延伸提高

10
10

褶份成為鬆份
褶份成為鬆份

前片
後片

褲長

灰色區塊部分，參閱活褶高腰褲製圖。

圖3-97　寬鬆式吊帶褲版型

二十四、窄褲

　　窄褲整體的鬆份量比較少、貼身度佳，打版時須考量穿脫與日常生活動作最基本需求的尺寸（圖3-98）。例如褲口最基本需求尺寸應為腳跟最大圍度可以穿過；膝圍最基本需求尺寸應為腿部彎屈時不會緊蹦；股下寬度大於腿圍尺寸2.5～5 cm，有較好的均衡狀態；後中傾倒份量要足以應對屈身時後襠尺寸的長度。

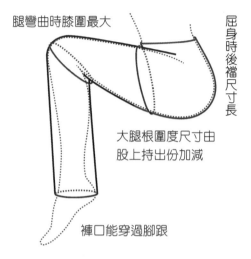

腿彎曲時膝圍最大

屈身時後襠尺寸長

大腿根圍度尺寸由股上持出份加減

褲口能穿過腳跟

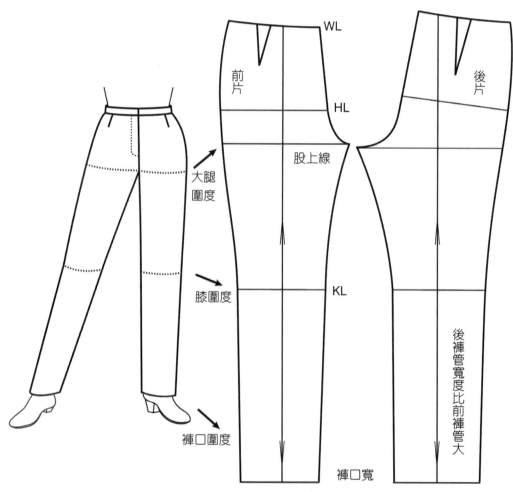

WL

前片

HL

股上線

後片

大腿圍度

膝圍度

KL

褲口圍度

後褲管寬度比前褲管大

褲口寬

圖3-98　窄褲結構與人體活動需求的關係

使用直筒褲的基本製圖為原型，了解尺寸縮減的部位與架構的改變（圖3-99）；重新以量身尺寸製圖，可以更清楚掌握尺寸與細部要點（圖3-100）。

使用直筒褲為原型的製圖法

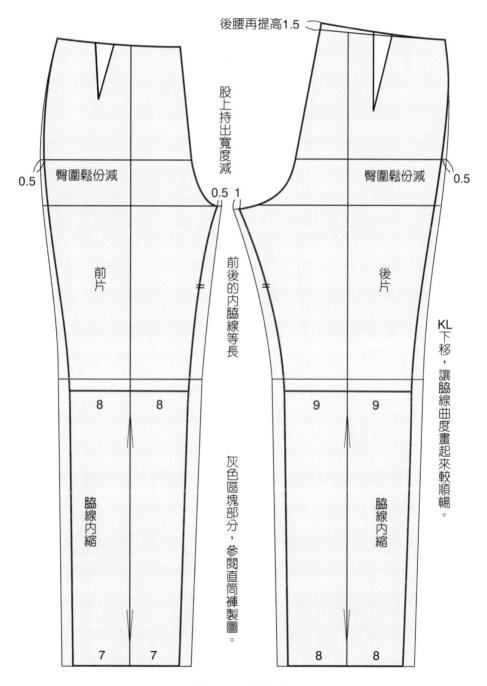

圖3-99　窄褲版型

以尺寸打版的製圖法

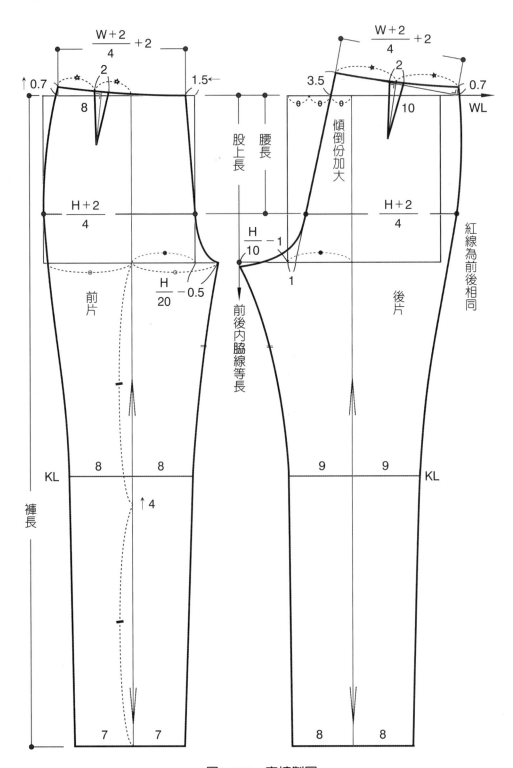

圖3-100　窄褲製圖

二十五、牛仔褲

　　合身褲型基本的打版尺寸以窄褲適應日常生活動作最基本需求的尺寸為基準，鬆份量雖少仍要保持褲型整體寬鬆度的均衡狀態（圖3-102）。

　　合身牛仔褲常用的版型設計款式為下降褲腰取低腰線後，後腰再下降做Yoke剪接設計，利用紙型合併將褶份轉移至剪接線（圖3-103）。

　　褲子的後中心線因為取斜向傾倒成為不穩定的斜布紋，利用製作Yoke剪接另外裁剪直向裁片，可使後腰中心線維持直布紋，後腰部有較好的支撐度並增加設計裝飾效果。

　　褲耳：縫在褲腰上讓腰帶可以穿過支撐固定的帶環。褲耳需以直布紋方向裁剪，參考脇線、後中心線與前腰褶的位置縫製，以視覺上能呈現等分均分的感覺為佳（圖3-101）。

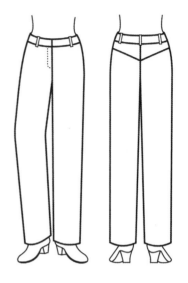

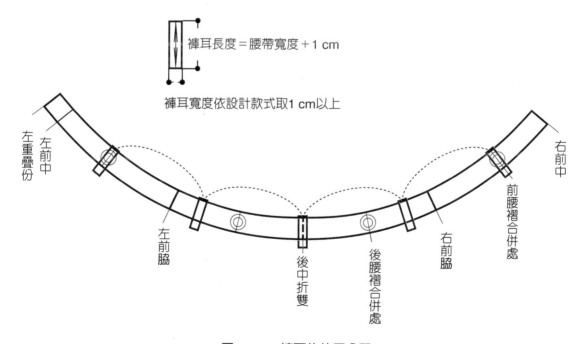

圖3-101　褲耳的位置分配

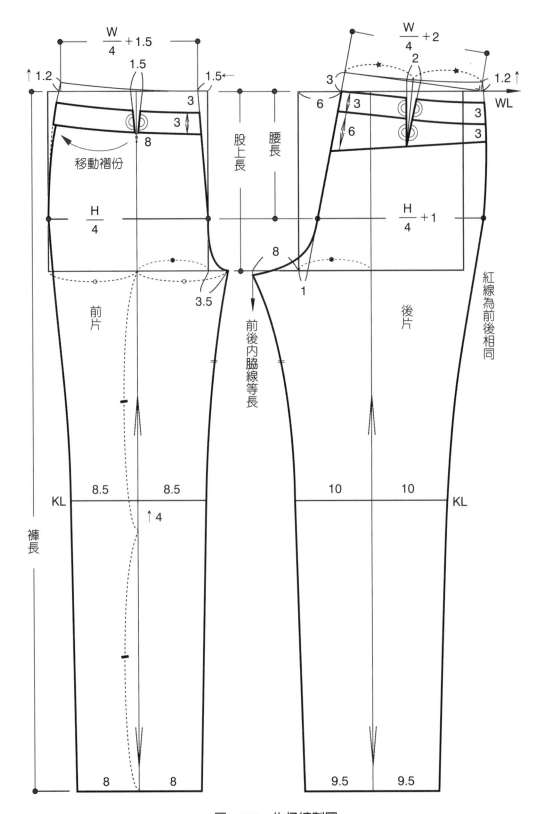

$\frac{W}{4}+1.5$

1.5

↑1.2   1.5← $\frac{W}{4}+2$ 1.2↑

3   6   3   3   WL

3   6   3

8   1   3

移動褶份

$\frac{H}{4}$ $\frac{H}{4}+1$

股上長   腰長

前片   後片

8   紅線為前後相同

3.5   前後內脇線等長

KL   8.5   8.5   10   10   KL

↑4

褲長

8   8   9.5   9.5

圖3-102　牛仔褲製圖

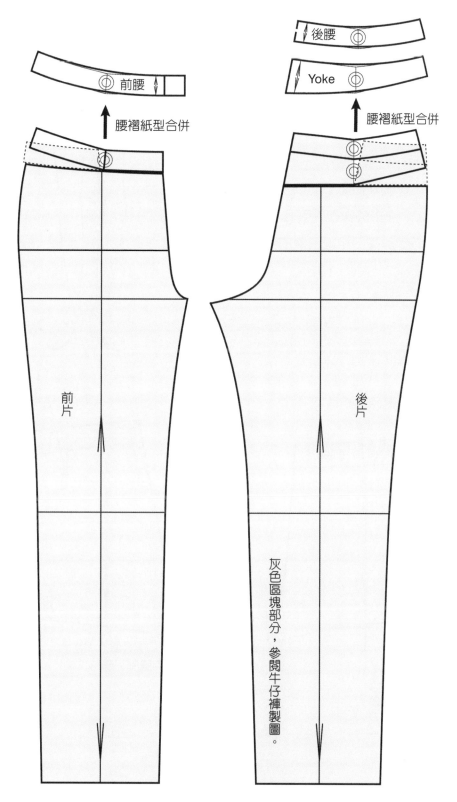

前腰

腰褶紙型合併

後腰

Yoke

腰褶紙型合併

前片

後片

灰色區塊部分，參閱牛仔褲製圖。

圖3-103　牛仔褲裁布版

二十六、熱褲

　　褲長極短、僅到股上，褲口太多的鬆份會使內褲外露，因此適用於合身褲型，褲口要能緊包住臀部曲線。

　　直接切短牛仔褲的長度，外脇線長度到股上為褲子的總長，內脇線從股下開始，因此褲口成為弧形（圖3-104）。弧形的褲口在製作時無法直接反摺縫份，需另外裁剪與褲口相同形狀的同形貼邊來翻折處理褲口縫份。

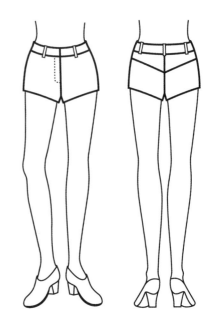

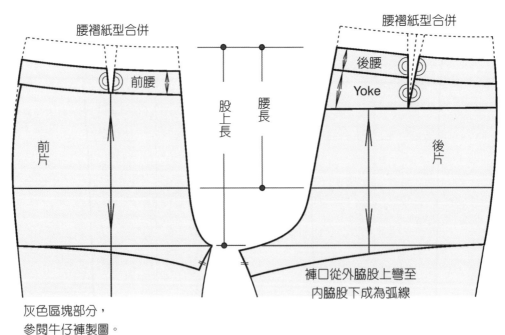

灰色區塊部分，
參閱牛仔褲製圖。

圖3-104　熱褲版型

熱褲的褲口在臀部翹度下方與身體間會有空隙（如右圖灰色區塊），也就是褲口多餘的鬆份。在不影響成品穿著尺寸情況下，褲口多餘的鬆份部分配合內脇線角度內縮扣除，部分從襠圍取尖褶紙型合併處理（圖3-105）。

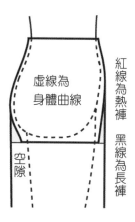

紅線為熱褲　黑線為長褲

虛線為身體曲線

空隙

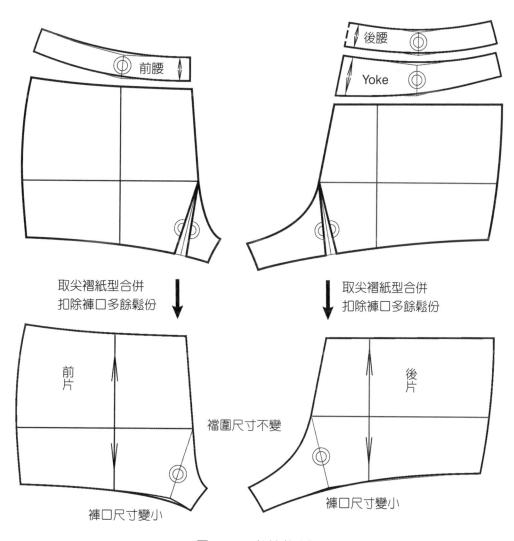

前腰

後腰

Yoke

取尖褶紙型合併
扣除褲口多餘鬆份

取尖褶紙型合併
扣除褲口多餘鬆份

前片

後片

襠圍尺寸不變

褲口尺寸變小

褲口尺寸變小

圖3-105　熱褲裁布版

二十七、喇叭褲

喇叭褲與寬襬褲都是褲襬開展的型態，兩者的差別在於股上的合身度，漂亮的喇叭輪廓在腰圍與臀圍都只有合身的基本鬆份。喇叭褲的褲襬開展有從膝圍以下開展的小喇叭型，或從腿圍以下開展的大喇叭型，褲襬開展的份量可依照設計感與需求的輪廓造型改變（圖3-106）。

以牛仔褲的基本製圖為原型，股上的合身度可以更凸顯喇叭輪廓，褲長、膝線與褲襬寬度比例的掌握對於視覺上身材高挑感的展現非常重要（圖3-107、圖3-108）。

與直筒褲的膝線位置相比較：褲襬輪廓取窄時，如窄褲的膝線位置往下移，脇線曲度畫起來較順暢、型態較美。褲襬輪廓取寬時，如寬褲的膝線位置往上移，可拉長褲管的直線視覺。喇叭褲襬輪廓取寬時，將膝線往上提高、褲管收窄的位置提高，可以使視覺上感覺小腿線條較修長（圖3-109）。

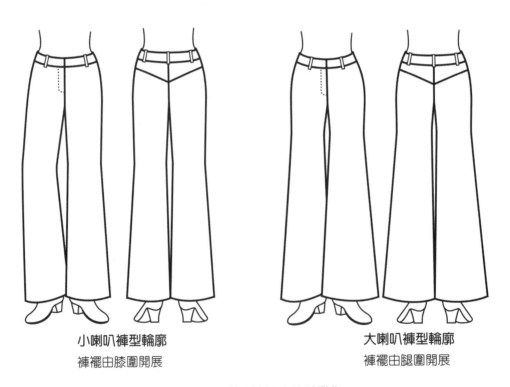

小喇叭褲型輪廓　　　　　　　大喇叭褲型輪廓
褲襬由膝圍開展　　　　　　　褲襬由腿圍開展

圖3-106　喇叭褲輪廓設計變化

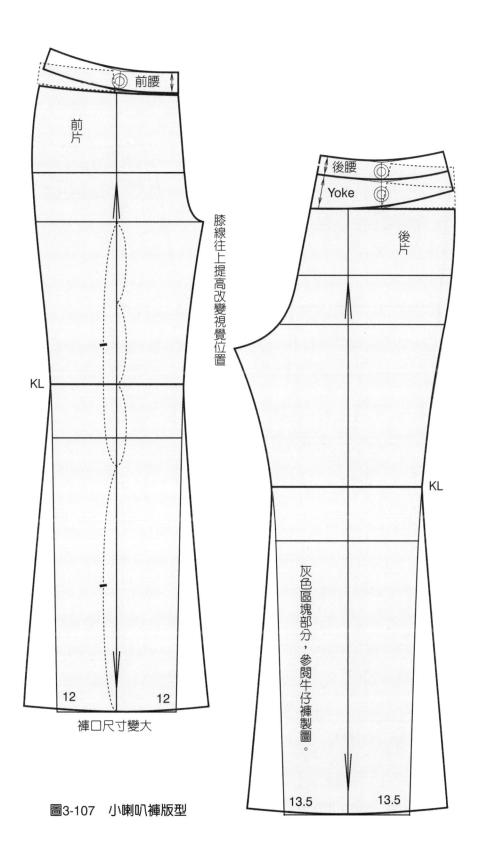

前腰

前片

膝線往上提高改變視覺位置

KL

12　　　　12

褲口尺寸變大

圖3-107　小喇叭褲版型

後腰

Yoke

後片

KL

灰色區塊部分，參閱牛仔褲製圖。

13.5　　　　13.5

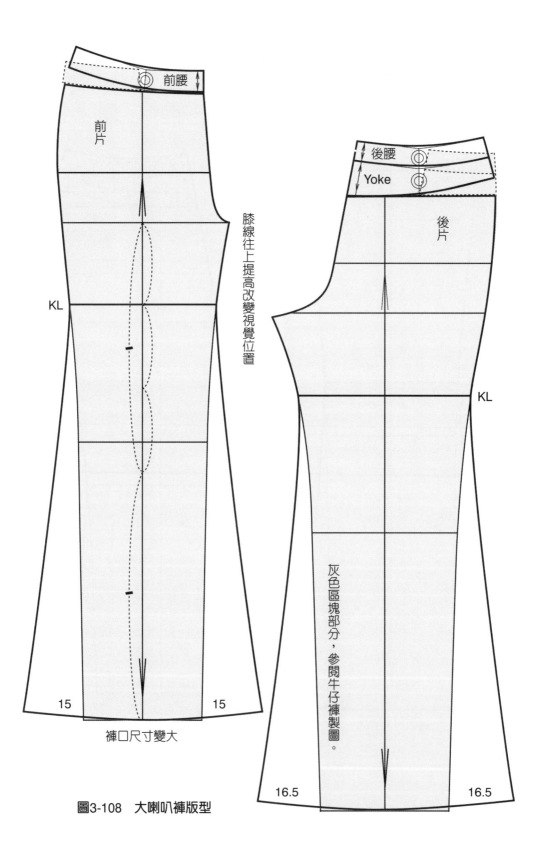

前腰

前片

膝線往上提高改變視覺位置

KL

15　　　　15

褲口尺寸變大

後腰

Yoke

後片

KL

灰色區塊部分，參閱牛仔褲製圖。

16.5　　　　16.5

圖3-108　大喇叭褲版型

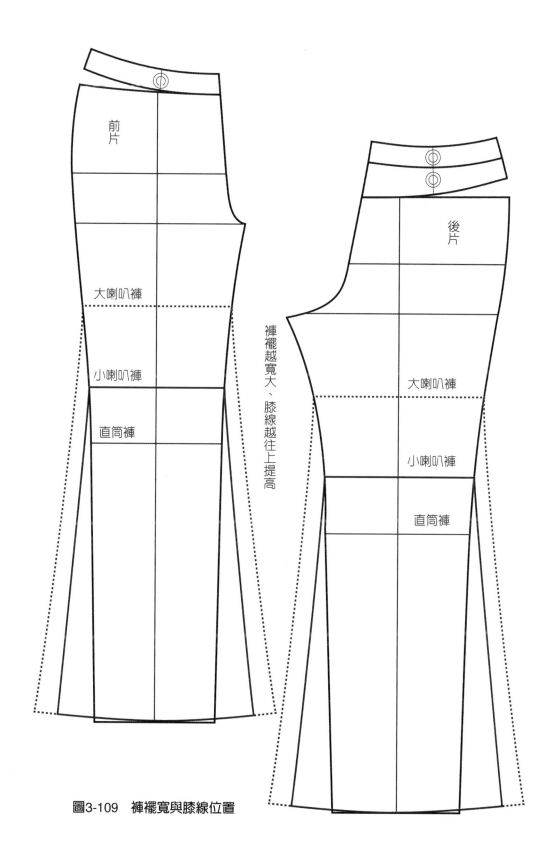

前片

後片

大喇叭褲

小喇叭褲

直筒褲

大喇叭褲

小喇叭褲

直筒褲

褲襬越寬大、膝線越往上提高

圖3-109　褲襬寬與膝線位置

二十八、馬褲

　　喇叭褲是上部合身、下部開展的褲型，馬褲則是完全相反的褲型，膝圍以上為方便動作，在臀部或大腿部位加入鬆份開展；膝圍以下小腿部位緊身，褲管可以收入馬靴內的上寬下窄型態（圖3-110）。

　　因為小腿部位緊身，穿著時褲口無法穿過腳跟，膝圍以下褲管會做開口，並以金屬材質的四合釦扣合增加設計感（圖3-111）。有些馬褲的設計會做剪接裁片，將裁片更換為皮革或具有和皮革相似性質的特殊人造纖維，加強後臀、大腿內側或膝下的保護作用與機能性。

　　四合釦：按壓式的彈簧釦，在布料上打孔直接穿過釘合的按釦。上層的母釦組有正面裝飾作用的**鈕面**與洞口有兩根平行彈簧的**鈕座**，下層的公釦組有中間凸起圓珠的**鈕珠**與固定鈕珠的基座**鈕樁**，鈕珠按入鈕座被彈簧卡緊扣合。金屬材質的四合釦多用在皮革或有厚度粗曠感的布料。

鈕面

鈕珠

鈕座
母釦組

鈕樁
公釦組

圖3-111　四合釦

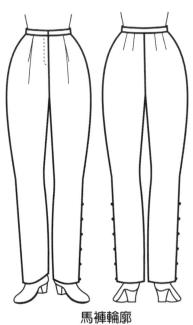

馬褲輪廓
臀部凸出的馬褲外形

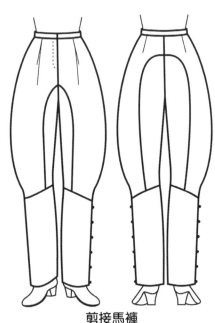

剪接馬褲
剪接機能性補丁裁片

圖3-110　馬褲設計變化

此款版型是以厚挺的布料做出臀部凸出的馬褲輪廓造型，使用活褶設計、臀圍鬆份再加出，可以使臀圍處脇線的膨出感更明顯（圖3-112）。

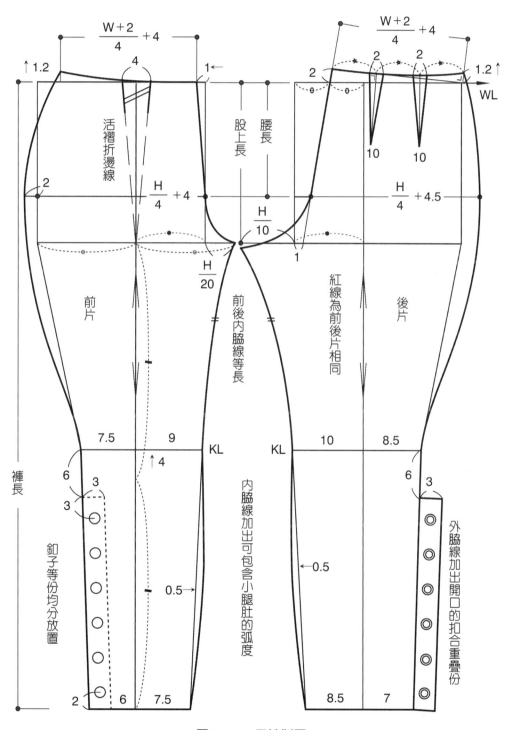

圖3-112　馬褲製圖

多剪接裁片的版型可以利用剪接線改變設計線與腰褶份處理方式（圖3-113、圖3-114）。

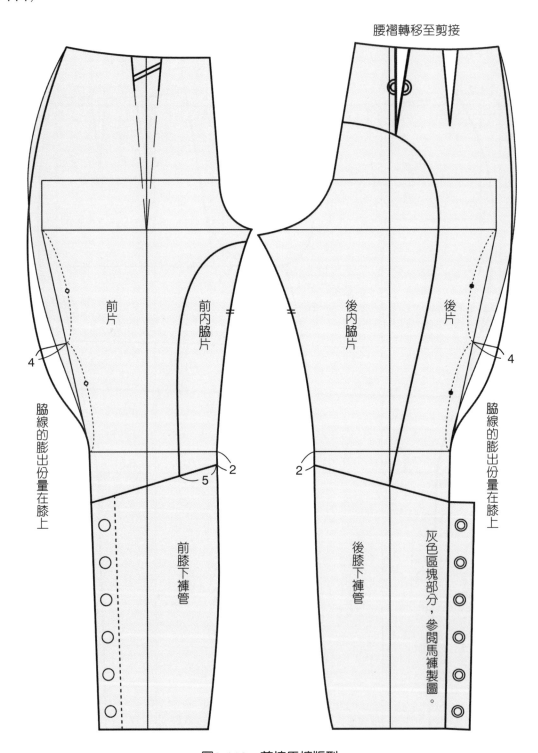

圖3-113　剪接馬褲版型

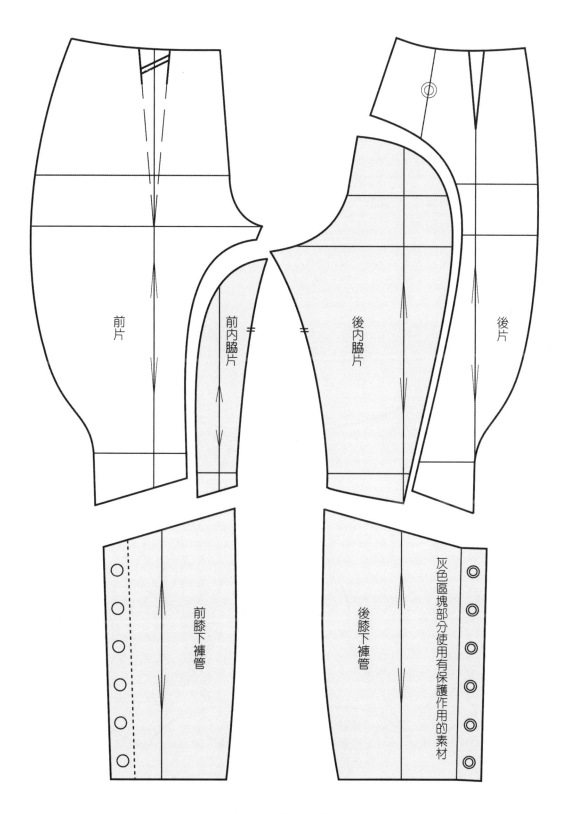

前片

前內脇片

後內脇片

後片

前膝下褲管

後膝下褲管

灰色區塊部分使用有保護作用的素材

圖3-114　剪接馬褲裁布版

二十九、飛鼠褲

飛鼠褲的特色是褲襠降很低，穿著時股下沒有包覆感容易活動，但是襠下鬆份會形成布料的堆積，影響穿著者的身材比例視覺。

因為是寬鬆的褲型，版型尺寸不需刻意計算，對照鬆緊帶褲版就很容易清楚版型的架構（圖3-115）。

短褲款式

動作時　　　靜止時

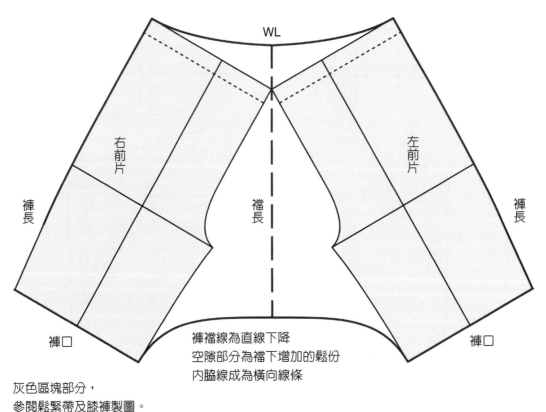

WL

右前片

左前片

褲長　　　襠長　　　褲長

褲口　　　褲口

褲襠線為直線下降
空隙部分為襠下增加的鬆份
內脇線成為橫向線條

灰色區塊部分，
參閱鬆緊帶及膝褲製圖。

圖3-115　飛鼠褲架構

寬鬆式的褲子因為臀圍處鬆份多，打版時直接計算臀圍尺寸，褲腰圍度尺寸大於身體臀圍尺寸即可（圖3-116）。後中心腰長可依體型下降，極為寬鬆的款式也可以前後片採用相同的版型。

圖3-116　飛鼠短褲製圖

相同的褲腰尺寸，利用提高脇側的弧度，就可以增加內脇線的長度（圖3-117）。
提高的尺寸越大、內脇線越長、臀部與襠下鬆份越多，款式形態越寬鬆。

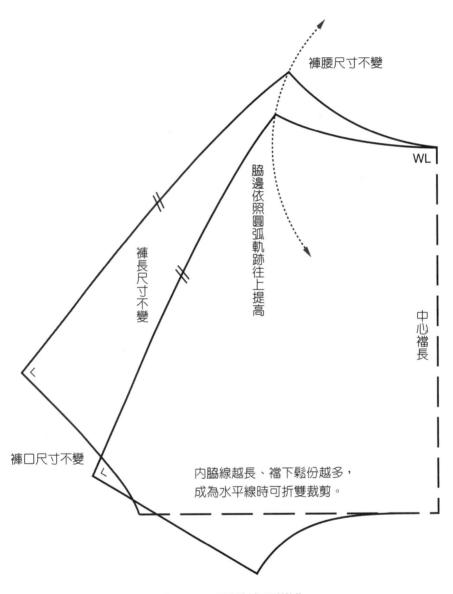

褲腰尺寸不變

WL

脇邊依照圓弧軌跡往上提高

褲長尺寸不變

中心襠長

褲口尺寸不變

內脇線越長、襠下鬆份越多，
成為水平線時可折雙裁剪。

圖3-117　飛鼠褲版型變化

長褲款式（圖3-118、圖3-119）

　　長褲款式在膝下取合身尺寸，穿著輪廓為上寬下窄與馬褲相同。馬褲使用有厚度粗曠感的布料；飛鼠褲使用柔軟垂墜感的布料。

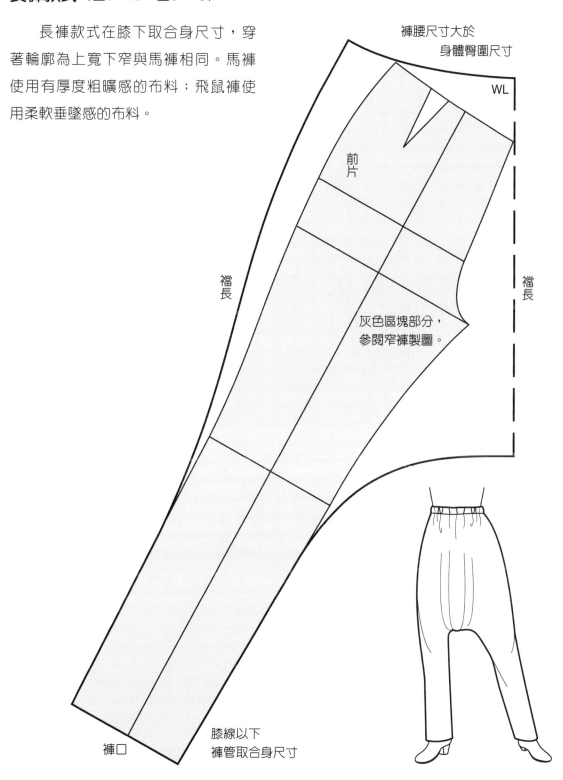

褲腰尺寸大於
身體臀圍尺寸

WL

前片

襠長

襠長

灰色區塊部分，
參閱窄褲製圖。

褲口

膝線以下
褲管取合身尺寸

圖3-118　飛鼠長褲版型

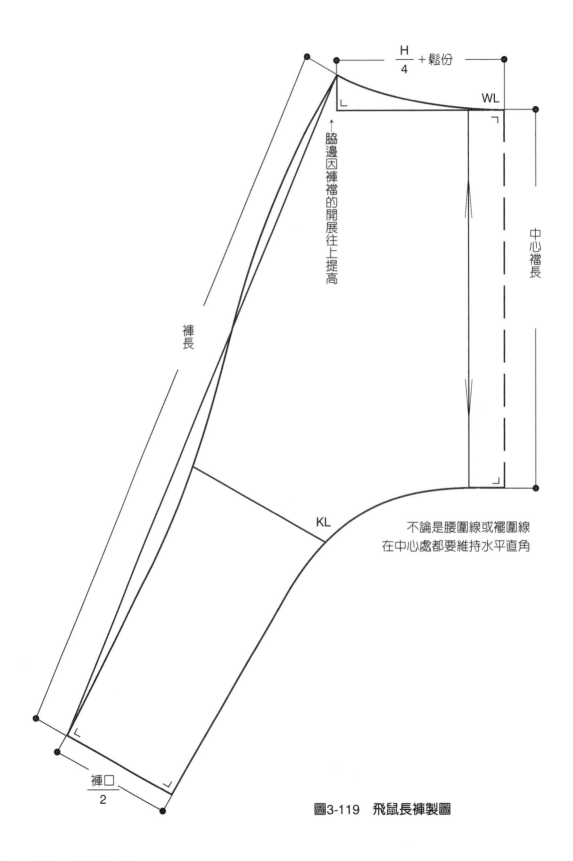

$\frac{H}{4}$ ＋鬆份

WL

脇邊因褲襠的開展往上提高

中心襠長

褲長

KL

不論是腰圍線或襬圍線
在中心處都要維持水平直角

$\frac{褲口}{2}$

圖3-119　飛鼠長褲製圖

三十、褲子的對格裁剪

裁剪格子布時，格子要能對正衣服的前後中心線，且前後外脇邊的橫向格線要對齊，需要的用布量比素面布料多。不論是單純的格子或複雜的格子，只要以其中最明顯的線為基準線對齊，就不會被格紋混亂視覺。

格子樣式（圖3-120）

對稱格子：格子的任一條直線，其左右都是相同粗細、顏色、間隔的直條；格子的任一條橫線，其上下都是相同粗細、顏色、間隔的橫條；格子的直條與橫條可以不相同。對稱格子左右或上下翻轉時，線條的排列順序不會改變，因此倒插排布時格子能仍對合。

不對稱格子：格子的直線或橫線，沒有依照線條粗細、顏色、間隔規律排列；格子左右或上下翻轉時，線條的排列順序會因為布料方向的改變無法對合。不對稱格子不可以倒插排布，需要的用布量與損耗都比對稱格子多。

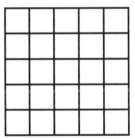

簡單的對稱正方格

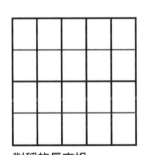

對稱的長方格
直或橫線兩側線條相同

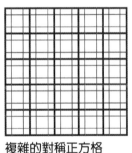

複雜的對稱正方格
黑線兩側線條相同

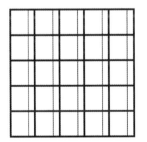

直線不對稱格子
直線左右線條不同
橫線上下線條相同

橫線不對稱格子
直線左右線條顏色相同
橫線上下線條顏色不同

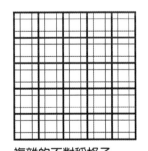

複雜的不對稱格子
黑線兩側線條顏色不同

圖3-120 格子的樣式

裁片對格（圖3-121）

格子布裁剪前應先整理布紋，確認經紗與緯紗為垂直狀態，格子線條沒有歪斜。折雙裁剪時布料上下兩層相同的格線要完全對正，格線不能對正就必須一層一層單片裁剪。

取前後腰的中心點垂直線對齊相同之直格線或格子的正中心，直格線是由中心線對齊，所以前後片內外脇邊的直格線是無法對齊的。

取褲襬線對齊相同之橫格線，前後外脇邊的橫向格線接縫後橫格線要對齊。後內脇線若斜度較斜會與前內脇線有尺寸差，前後內脇邊膝線以上的橫向格線接縫後是無法對齊的。橫格線是由襬線對齊，因為腰線不是水平線，所以前後的腰線不會對準同一條橫格線。

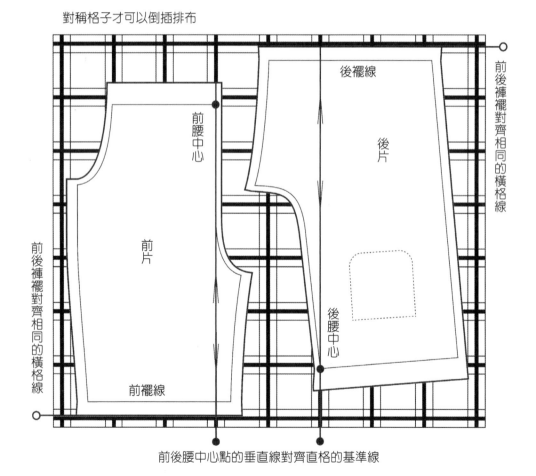

圖3-121　格子褲排版

前口袋對格（圖3-122、圖3-123）

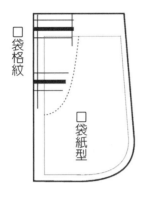

口袋格紋

口袋紙型

1 將口袋紙型與
已裁好之前裁
片對合，在紙
型上畫出格紋。

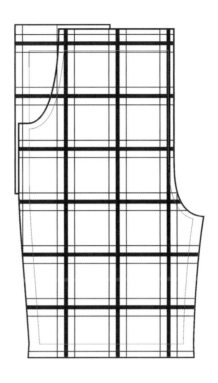

2 在布上找出與紙
型完全相同的直
橫格線裁布。

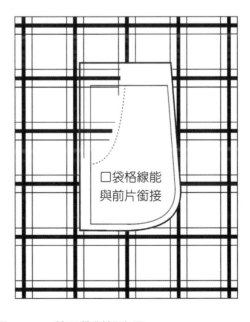

口袋格線能
與前片銜接

圖3-122　前口袋對格步驟

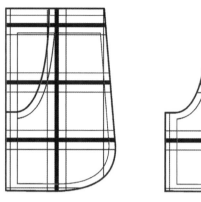

3 將內外兩片口袋紙型
劃出完全相同的直橫
格線裁布。

圖3-123　前口袋對格步驟

後口袋對格（圖3-124）

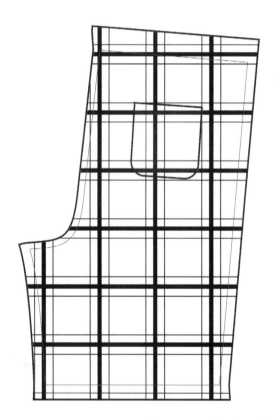

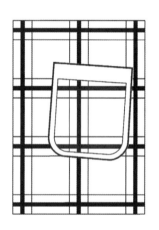

將口袋紙型與已裁好
之後裁片對合，在紙
型上畫出格紋。然後
在布上找出與紙型完
全相同的直橫格線裁
布。

圖3-124　後口袋對格要點

後口袋格紋變化（圖3-125）

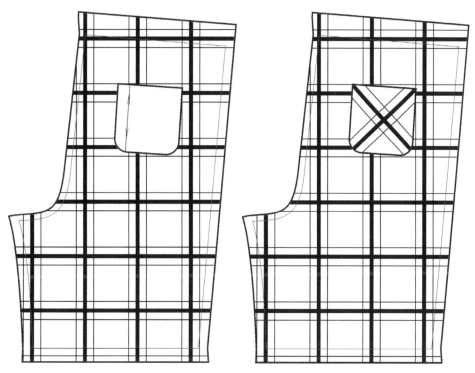

1 口袋對齊後裁片格紋裁
　剪，袋布為了對格，布
　紋走向會歪斜。使用素
　布面裁剪袋布可以作為
　細部變化設計並保持正
　向的布紋。

2 口袋裁片直接裁剪正斜
　格，既不用對格，還會
　呈現活潑的視覺外觀。
　但是用正斜格應防止車
　縫過程中可能造成的拉
　伸變形。

圖3-125　後口袋對格設計變化

國家圖書館出版品預行編目資料

一點就通的褲裙版型筆記／夏士敏著. ——初
版. ——臺北市：五南，2018.07
　　面；　公分
　　ISBN 978-957-11-9798-2（平裝）

1.服裝設計　2.女裝

423.23　　　　　　　　　　107010087

1Y64

一點就通的褲裙版型筆記

作　　　者 ― 夏士敏

發 行 人 ― 楊榮川

總 經 理 ― 楊士清

主　　編 ― 陳姿穎

封面設計 ― 姚孝慈

出 版 者 ― 五南圖書出版股份有限公司

地　　　址：106台北市大安區和平東路二段339號4樓

電　　　話：(02)2705-5066　　傳　　　真：(02)2706-6100

網　　　址：http://www.wunan.com.tw

電子郵件：wunan@wunan.com.tw

劃撥帳號：01068953

戶　　　名：五南圖書出版股份有限公司

法律顧問　林勝安律師事務所　林勝安律師

出版日期　2018年7月初版一刷

定　　　價　新臺幣460元